New York Times-Bestsellerautor
GARY VAYNERCHUK

★ ★ ★ ★ ★ ★ ★ ★ ★ ★ ★ ★ ★ ★ ★ ★

Der Kampf um Kunden

★ ★ ★ ★ ★ ★ ★ ★ ★ ★ ★ ★ ★ ★ ★ ★

So landen Sie gezielte Treffer mit Facebook, Twitter & Co

BOOKS 4 SUCCESS

Die Originalausgabe erschien unter dem Titel
Jab, Jab, Jab, Right Hook: How to Tell Your Story in a Noisy Social World
ISBN 978-0-06-227306-2

Copyright der Originalausgabe 2013:
Copyright © 2013 by Gary Vaynerchuk. All rights reserved.
Published by arrangement with HarperBusiness, an imprint of HarperCollins Publishers, LLC.

Copyright der deutschen Ausgabe 2014:
© Börsenmedien AG, Kulmbach

Übersetzung: Marion Reuter
Covergestaltung: Johanna Wack, Börsenmedien AG
Layout und Buchsatz: Jürgen Hetz, Denksportler Grafikmanufaktur
Herstellung: Martina Köhler, Börsenmedien AG
Lektorat: Elke Sabat
Druck: Stürtz GmbH, Würzburg

ISBN 978-3-86470-207-5

Alle Rechte der Verbreitung, auch die des auszugsweisen Nachdrucks,
der fotomechanischen Wiedergabe und der Verwertung durch Datenbanken
oder ähnliche Einrichtungen vorbehalten.

Bibliografische Information der Deutschen Nationalbibliothek:
Die Deutsche Nationalbibliothek verzeichnet diese Publikation in der
Deutschen Nationalbibliografie; detaillierte bibliografische Daten
sind im Internet über <http://dnb.d-nb.de> abrufbar.

Postfach 1449 • 95305 Kulmbach
Tel: +49 9221 9051-0 • Fax: +49 9221 9051-4444
E-Mail: buecher@boersenmedien.de
www.books4success.de
www.facebook.com/books4success

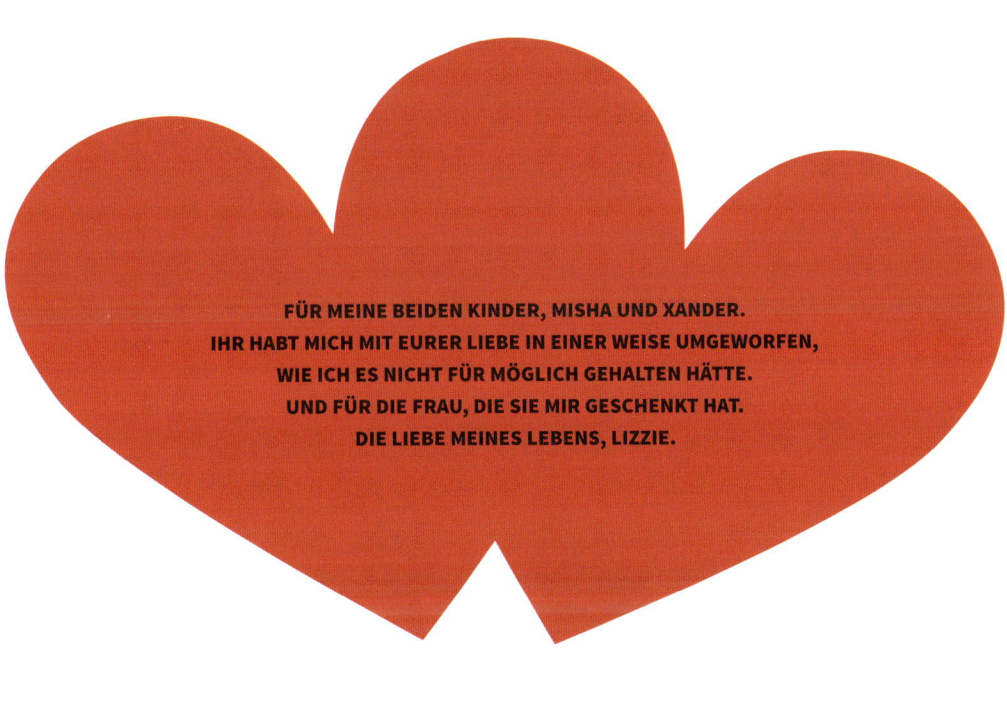

FÜR MEINE BEIDEN KINDER, MISHA UND XANDER.
IHR HABT MICH MIT EURER LIEBE IN EINER WEISE UMGEWORFEN,
WIE ICH ES NICHT FÜR MÖGLICH GEHALTEN HÄTTE.
UND FÜR DIE FRAU, DIE SIE MIR GESCHENKT HAT.
DIE LIEBE MEINES LEBENS, LIZZIE.

INHALT

Anmerkung des Autors 7
Einführung: Das Wiegen 9

RUNDE 1:   **Die Vorbereitung** **17**
RUNDE 2:   **Was guten Content und überzeugende Storys kennzeichnet** **31**
RUNDE 3:   **Machen Sie Storytelling auf Facebook** **45**
RUNDE 4:   **Hören Sie auf Twitter gut zu** **99**
RUNDE 5:   **Machen Sie es schöner auf Pinterest!** **133**
RUNDE 6:   **Schaffen Sie Kunst auf Instagram** **151**
RUNDE 7:   **Lassen Sie sich auf Tumblr animieren** **167**
RUNDE 8:   **Gelegenheiten in neuen Netzwerken** **187**
RUNDE 9:   **Der Einsatz** **193**
RUNDE 10:   **Alle Unternehmen sind Medienunternehmen** **197**
RUNDE 11:   **Fazit** **199**
RUNDE 12:   **Knock-out** **203**

Quellenangaben 205
Danksagungen 213

ANMERKUNG DES AUTORS

Während ich dieses Buch schreibe, halte ich Facebook-Aktien. Ebenso halte ich Twitter-Aktien, die ich 2009 gekauft habe. Darüber hinaus hielt ich Tumblr-Aktien, die ich 2013 bei der Übernahme durch Yahoo verkauft habe.

Ich halte keine Snapchat- oder Pinterest-Aktien, aber ich wünschte mir, dass ich welche hätte.

Ich habe darauf geachtet, in den Fallstudien, die in diesem Buch erscheinen, keine Konkurrenten aktueller Kunden von VaynerMedia zu kritisieren.

EINFÜHRUNG:
DAS WIEGEN

Ein Blick auf meinen Twitter-Feed während der Football-Saison zeigt, dass es fast nur eine Sache gibt, die meinen Optimismus und meine Lebensfreude trüben kann: wenn die New York Jets etwas Dummes tun – das heißt, wenn zum Beispiel ihr Quarterback in den Hintern seines Offensive Lineman rennt und den Ball fallen lässt, sodass das gegnerische Team einen Touchdown bekommt. Sie wissen schon, das Übliche. Es ist kein Geheimnis, dass ich die Mannschaft eines Tages kaufen will. Vielleicht nicht von Woody Johnson, aber vielleicht eines Tages von seinem Nachfolger. Deshalb tut mir jede Niederlage in der Seele weh. Aber auch wenn mein Herz dem Football gehört, denke ich nicht die ganze Zeit an diesen Sport. Wenn ich nicht gerade mit meiner Familie zusammen bin, mache ich meistens Geschäfte. Das heißt, dass ich, wie viele andere Geschäftsleute, Marketingexperten und Unternehmer, die meiste Zeit boxe.

Boxen ist als temporeicher, auf Wettbewerb beruhender und aggressiver Sport eine natürliche Metapher fürs Geschäftemachen. Auch wenn seine Popularität in den letzten Jahrzehnten abgenommen hat, ist sein Jargon wahrscheinlich mehr als der jeder anderen Sportart Bestandteil unserer Sprache geworden. Ich höre ihn die ganze Zeit in

Vorstandsetagen. Wenn Manager und Marketingexperten ihre Social-Media-Strategien skizzieren, sprechen sie oft über den „K.-o.-Schlag" oder den „rechten Haken" – ihre nächste mit hohen Erwartungen verbundene Verkaufsaktion oder Kampagne –, mit dem ihre Konkurrenten ausgezählt sein werden. Ihre Augen glänzen so, wie wahrscheinlich die Augen des 20-jährigen Mike Tyson glänzten, bevor er in weniger als sechs Minuten Trevor Berbick mit einem Knock-out besiegte und der jüngste Schwergewichtschampion in der Geschichte des Boxsports wurde. Sie sind blutrünstig. Selbst bei Unternehmen, wo ich beeindruckende Bemühungen sehe, geduldig die Kundenbeziehungen aufzubauen, die so entscheidend für erfolgreiche Social-Media-Kampagnen sind, juckt es Marketingexperten in den Fingern, den kräftigen, vernichtenden Schlag zu landen, der den Gegner beziehungsweise den Widerstand des Kunden mit einem mörderischen Knock-out erledigt. Rechte Haken sorgen letztendlich dafür, dass Traffic in Umsatz verwandelt wird. Mit rechten Haken gewinnt man die Cannes Cyber Lions Awards. Sie führen leicht zu Ergebnissen und Kapitalrendite. Das heißt, wenn sie funktionieren.

Das stimmt doch, oder nicht? Wir haben im Lauf der Jahre ein paar gut platzierte Social-Media-Treffer erlebt, aber meistens verteilen die Social-Media-Marketing-Experten ihre besten rechten Haken überall auf Facebook, Twitter, Instagram und YouTube und schaffen es doch nicht, K.-o.-Schläge in Form von Umsatzzuwachs und eines vergrößerten Marktanteils zu landen. Sie mühen sich ab, sosehr sie können, und dann… verpufft alles. Keine Verbindung. Und es ist nicht etwa so, dass der Werbespot keine Zuschauer gehabt hätte. Die Leute sahen ihn durchaus, es hat bloß niemanden interessiert. Obwohl die Marke bei den Verbrauchern einen hohen Bekanntheitsgrad hat, war der Content nicht überzeugend genug, um die Leute zum Kauf zu bewegen.

Eigentlich dachte ich, dass ich erst in drei oder vier Jahren wieder ein Buch schreiben würde. Ich dachte, ich hätte alles gesagt, was es momentan zu sagen gibt. Meine Mission war es, Marketingexperten davon zu überzeugen, dass es heute beim Geschäftemachen darum geht, den Kunden glücklich zu machen. Nachdem ich so lange die Bedeutung des Jab (auf Deutsch Führhand) gepredigt habe – man lässt beim Einsetzen der Führhand ein Gespräch, eine Interaktion auf die andere folgen, um damit langsam, aber auf authentische Weise eine Beziehung zwischen der Marke und den Kunden aufzubauen –, wollte ich keineswegs ein Buch schreiben, das erklärt, wie man einen mörderischen rechten Haken mit Content ausführt. Ich vermute nämlich, dass die meisten Geschäftsleute, wenn sie die Wahl hätten, sich das Social-Media-Zeug insgeheim sparen und lieber gleich zum entscheidenden Schlag ausholen würden. Interaktion in den sozialen Medien zu erreichen, ist nun mal arbeits- und zeitaufwendig. Wir suchen immer den direkten Erfolg, und wenn wir nicht geduldig sein müssen, sind wir es auch nicht. Hätte ich also ein Buch herausgebracht, das eine Anleitung für den perfekten Content für alle großen, heutzutage relevanten Social-Media-Plattformen bietet, dann wäre zu befürchten gewesen, dass viele Leute denken, sie könnten nun die zeitaufwendige Aufgabe der Interaktion mit den Kunden vernachlässigen. Wenn Sie einen idiotensicheren rechten Haken kennen, der zum Knock-out führt, brauchen Sie nicht so oft die Führhand einzusetzen, oder?

Falsch. Absolut falsch.

Kritiker lehnen den Boxsport als hirnlos und barbarisch ab, aber wo sie Gewalt sehen, erkennen diejenigen von uns, die den Sport verstehen und respektieren, Strategie. Tatsächlich wird Boxen oft mit Schachspielen verglichen, da es viel strategisches Denken erfordert. Der rechte Haken wird als ausschließlich entscheidend für den Sieg eingeschätzt, aber es sind die Bewegung im Ring und eine gut geplante Führhand-Schlagserie, die vorher kommen und den Erfolg vorbereiten. Ohne eine saubere Kombination von Führhänden, mit der Sie Ihren Kunden – also Ihren Gegner – dahin führen, wo Sie ihn haben wollen, könnte Ihr rechter Haken perfekt sein und Ihr Gegner könnte ihm trotzdem so leicht ausweichen wie einem Löwenzahnsamen, der durch die Luft fliegt. Lassen Sie diesem perfekt ausgeführten rechten Haken aber einen gezielten, strategischen Schlaghagel vorausgehen, dann wird der rechte Haken kaum sein Ziel verfehlen.

Die Erkenntnis, dass ich dieses Buch schreiben musste, hatte ich Ende 2012, als ich auf einem Nachtflug von der Westküste nach Hause war. Ich war erschöpft, saß zusammengesackt da und drückte meine Stirn gegen die Fensterscheibe, weil ich zu müde war, den Kopf aufrecht zu halten. Und ich erinnerte mich an Wine Library TV, den Online-Wein-Videoblog, der meine Karriere im Social-Media-Marketing begründete und mir dabei half, dorthin zu gelangen, wo ich heute stehe.*
Ich habe den Erfolg dieses Unternehmens darauf zurückgeführt, dass ich mich sehr ins Zeug gelegt und unermüdlichen Einsatz gezeigt habe, wenn es darum ging, mit meinen Fans und Kunden zu interagieren. So habe ich jede E-Mail und jeden Blog-Kommentar beantwortet und in fast schon übertriebener Weise meine Wertschätzung für meine Kunden gezeigt. Gerade hatte ich wieder einmal einen Tag damit verbracht, die ziellose, verfehlte und schlichtweg farblose Social-Media-Kampagne eines potenziellen Kunden zu analysieren. Trotz ernsthafter Bemühungen, mit den Kunden zu interagieren, gelang es diesem Unternehmen nicht, die Markenwahrnehmung wesentlich zu stärken oder den Umsatz zu erhöhen. Während ich dasaß und darüber grübelte, wie ich hier helfen könnte – ich war nicht sicher, ob ich mich gleich erholen und meine E-Mails beantworten oder eher ins Koma fallen würde –, hatte ich eine Erleuchtung. Der Content! Als ich Wine Library TV startete, entschied ich mich dafür, lange Videoblogs zu machen, die jeweils etwa 20 Minuten dauerten, und das auf einer Plattform (YouTube und später im Jahr 2007 dann Viddler), wo das Ansehen eines fünfminütigen Videos von den Leuten als eine ähnliche Zumutung empfunden wurde, wie wenn sie sich die Wüstenszene in der ungeschnittenen Version von *Lawrence von Arabien* hätten ansehen sollen. Und dennoch blieben die Zuschauer bei der Stange und entspannten sich mit hochgelegten Füßen, um zu sehen, wie ich Weinproben machte,

---

*) Ich habe Wine Library TV mit der tausendsten Folge beendet. Danke an alle, die mich um eine Fortsetzung gebeten haben, insbesondere an @StanTheWineMan.

und um meine Meinungen anzuhören. Warum? Vielleicht war Wine Library TV nicht nur deshalb erfolgreich, weil ich mich mehr als alle anderen ins Zeug legte. Vielleicht war es nicht nur deshalb so populär, weil ich mit einer einzigartigen Mischung von Expertenwissen, Humor und Respektlosigkeit an die Sache heranging (ganz zu schweigen von meinem fesselnden Charisma). Mein qualitativ hochwertiger Content spielte zweifellos auch eine Rolle, aber das hätte vielleicht nichts genützt, hätte ich nicht auch eigens erstellten Content angeboten – authentischen Content, der perfekt auf diese neue Plattform, YouTube, abgestimmt war. Und dabei ging es nicht so sehr um gute Ausleuchtung und klugen Filmschnitt, sondern darum, dass Authentizität und „Echtheit" großgeschrieben wurden. Und vielleicht musste ich sicherstellen, dass meine Kunden und andere, die mich um Rat fragten, das Gleiche taten.

Die Geschäftswelt hatte sich stur geweigert, anzuerkennen, dass eine kurzfristige Herangehensweise an die sozialen Medien nicht funktionierte. Daher musste ich im Lauf der Jahre sehr viel Zeit und Mühe aufwenden, um die Bedeutung der langfristigen Perspektive hervorzuheben und den Leuten beizubringen, wie sie im Sinne der Entwicklung authentischer und aktiver Kundenbeziehungen kommunizieren müssen. Mein letztes Buch *Die Thank You Economy** hätte man leicht *Führhand, Führhand, Führhand* nennen können. Es war in zwei Teilen aufgebaut: Die erste Hälfte lieferte ein starkes Argument dafür, dass es sich rentiert, die Kunden zu bearbeiten, das heißt, sie durch einen unglaublichen, ehrlichen Service und soziale Medien zu gewinnen. Die zweite Hälfte präsentierte Fallstudien mit großartigen Aktionen und zeigte, wie diese die Konversionsraten erhöhten. Aber wenn es auch stimmt, dass Sie keinen soliden rechten Haken landen können, ohne den Schlag mit einer Reihe guter Führhände vorzubereiten, gilt ebenso, dass noch nie ein Kampf allein durch das Einsetzen der Führhand gewonnen wurde. Letztendlich müssen Sie Ihr Glück versuchen. Als ich in diesem Flugzeug saß, wurde mir klar, dass ich mich zu sehr darauf fixiert hatte, die Führhände der Leute zu perfektionieren, und mich zu wenig um die Verbesserung ihrer rechten Haken gekümmert hatte.

Ein Grund, warum ich in *Die Thank You Economy* nur sehr wenig über den eigentlichen Moment der Konversion geschrieben habe, besteht darin, dass das Buch kurz nach meinem ersten Buch *Hau rein!*** erschien. In Letzterem habe ich erklärt, wie guter Content aussehen sollte, und eine Reihe von Plattformen vorgestellt, die vielen damals bizarr und sogar sinnlos erschienen, aber mittlerweile weithin als entscheidend für Unternehmen anerkannt werden. Das war allerdings vor vier Jahren. Pinterest und Instagram steckten noch in den Kinderschuhen. Der Großteil unserer Facebook-Status-Updates bestand aus Text, nicht aus Fotos. Niemand besaß ein iPad. Rechte Haken müssen heute infolge der enormen Veränderungen bei den Social-Media-Plattformen und angesichts ihrer zunehmenden Verbreitung anders ausgeführt

---

*) Kaufen Sie es, es ist gut.

**) Kaufen Sie auch dieses Buch!

werden. Ich war nicht sicher, ob ich ein weiteres Buch schreiben wollte, aber ich musste es tun, denn was ich circa im vergangenen Jahr gelernt hatte, muss dringend gerade jetzt gesagt werden. Ich glaube zu wissen, wie die Zukunft des erfolgreichen Marketings aussieht. Was sonst ist neu? Wie gewöhnlich werden viele Leute anderer Meinung sein als ich. Aber ich denke, dass ich recht habe, und ich mag dieses Gefühl.

Der Kampf um Kunden ist eine topaktuelle Darstellung von allem, was mein Team bei VaynerMedia und ich über erfolgreiches Social-Media- und digitales Marketing im Rahmen unserer Arbeit mit Tausenden von Start-ups, Fortune-500-Unternehmen, vielen Prominenten und einer beträchtlichen Anzahl von Unternehmern und kleinen Firmen seit jenem Tag im Flugzeug gelernt haben. Als Mix aus den besten Elementen von *Hau Rein!* und *Die Thank You Economy* mit einer zeitgemäßen Ausrichtung bietet das Buch ein Rezept für die Entwicklung von Social-Media-Marketing-Strategien und von Ideen, die wirklich funktionieren. Wir werden auch hier über Interaktion sprechen, weil ich immer noch denke, dass die meisten Leute zu wenig tun, um ihre Führhände möglichst gut einzusetzen, aber dieses Buch wird besonders den rechten Haken betonen. Insbesondere wird es darum gehen, wie man perfekten und individuellen Content für jede der verschiedenen Plattformen schafft, die Sie nun nutzen müssen, um Synergieeffekte zu erzielen und Ihre Marke und Ihre Botschaft überall erfolgreich zu platzieren.

Egal, wer Sie sind oder für welche Art von Unternehmen oder Organisation Sie arbeiten, Ihre wichtigste Aufgabe besteht darin, Ihre Story dem Verbraucher dort zu erzählen, wo er sich gerade befindet, und vorzugweise in dem Moment, in dem er eine Kaufentscheidung trifft. Lange Zeit vermittelten wir unsere Botschaft durch das Fernsehen, das Radio oder die Printmedien. Wir haben uns mit der Zeit weiterentwickelt, haben schließlich Guerilla-Marketing versucht, E-Mails verschickt und Bannerwerbung kreiert. Doch diesen alten Plattformen gelingt es immer weniger, die Aufmerksamkeit auf sich zu ziehen, ihr Publikum schwindet und wir müssen immer mehr investieren, erreichen aber gleichzeitig weniger Leute. Diese alten Plattformen erfüllen zwar noch immer ihren Zweck, aber die Leute sehen einfach nicht mehr so viel fern, hören nicht mehr so viel Radio und lesen nicht mehr so viel Zeitung. Nicht einmal E-Mails finden mehr große Beachtung. Zumindest nicht mehr so viel wie früher. Die Leute sind nun in den sozialen Medien unterwegs.

Diese Plattformen wirken noch immer neu und unerprobt. Ich verstehe das. Aber nun haben wir genug gewartet. Nun, da die Infrastruktur aufgebaut ist und die sozialen Medien betriebsbereit sind, ist es Zeit, dass Sie lernen, wie Sie das System nutzen können, um Ihre geschäftlichen Ziele zu erreichen. Und Sie müssen nun mehr Zeit, Energie und Geld dort investieren, wo die Verbraucher tatsächlich sind, und nicht dort, wo Sie sie gerne hätten. Social-Media-Plattformen bieten uns die beste Chance, um mit unserer Investition eine größtmögliche Reichweite zu erzielen.

Betrachten Sie dieses Buch als ein Trainingslager, das Sie darauf vorbereiten soll, Storytelling auf den aktuell wichtigsten Social-Media-Seiten zu machen. Damit das

Buch nicht zu schnell veraltet, wurden nur Plattformen zur Analyse ausgewählt, die voraussichtlich eine Lebensdauer von mindestens noch drei bis fünf Jahren haben (das ist eigentlich eine beeindruckende Lebensdauer für eine Internetplattform). Sie werden lernen, wie man das Storytelling-Rezept kreiert, das die Verbraucher am meisten anspricht, wenn sie 40 Mal am Tag auf ihr Mobilgerät schauen. Zudem werden wir gute, schlechte und richtig üble Beispiele für das Social-Media-Storytelling einiger bekannter und weniger bekannter Marken untersuchen. Auf diese Weise werde ich hoffentlich das Versprechen erfüllen, das ich mir selbst gegeben habe, als ich mich entschloss, dieses Buch zu schreiben: einen Leitfaden zu erstellen, der den Leuten dabei hilft, die üblichen Fallstricke im Social-Media-Marketing zu umgehen, und ein Referenzwerk, auf das die Leute immer wieder zurückkommen können. Sobald Sie die Wissenschaft des Social-Media-Sports gelernt haben, werden Sie ähnlich wie beim Boxen in der Lage sein, alles, was Sie in diesen Ringen gelernt haben, auf jeder Plattform anzuwenden, die in der Zukunft entsteht. Und das ist eine großartige Story.

Ich betrachte dies als das letzte Buch in einer Trilogie, die nicht nur die Entwicklung der sozialen Medien zum Thema hat, sondern auch meine eigene Entwicklung als Marketingexperte und Geschäftsmann. (In meinem nächsten Buch wird es wahrscheinlich um Kindererziehung gehen. Oder vielleicht um Root-Bier. Oder vielleicht sogar um meinen Kauf der Jets.) Die Welt ändert sich, Plattformen ändern sich und wir lernen, uns anzupassen. Aber die geheime Zutat bleibt dieselbe: Die unglaubliche Markenwahrnehmung und der Nettogewinn, die durch Social-Media-Marketing erreichbar sind, machen es erforderlich, dass man sich ins Zeug legt und mit ganzem Herzen dabei ist. Ebenso bedarf es der Ehrlichkeit, eines dauerhaften Engagements und langfristigen Einsatzes und vor allem eines kunstvollen, strategischen Storytellings. Vergessen Sie dies bitte nie, egal, was Sie hier lernen.*

---

*) Bitte.

DER
KAMPF
UM
KUNDEN

RUNDE 1:
Die VORBEREITUNG

Wo ist Ihr Smartphone?

Steckt es in Ihrer Gesäßtasche? Liegt es vor Ihnen auf dem Tisch? Halten Sie es in Ihrer Hand, weil Sie damit dieses Buch lesen? Wahrscheinlich ist es irgendwo in Reichweite, wenn Sie nicht zu den Leuten gehören, die ihr Smartphone andauernd verlegen und aufgrund meiner Frage nun mal wieder im Wäschekorb rumwühlen oder unter dem Autositz nachschauen.

Schauen Sie sich um, wenn Sie sich an einem öffentlichen Ort aufhalten. Ich meine das ernst: Werfen Sie einen Blick auf Ihre Umgebung. Was sehen Sie? Smartphones. Einige Leute nutzen sie noch auf die altmodische Weise und verwenden sie tatsächlich zum Telefonieren. Aber ich wette, dass jemand – wahrscheinlich sogar mehrere Leute – innerhalb eines Radius von einem Meter einfach nur das Koordinationsspiel Dots spielt. Oder dass jemand zweimal auf ein Bild tippt. Oder ein Status-Update erstellt. Oder ein Bild mit anderen teilt. Oder twittert. Wenn Sie nicht gerade Tante Sally im Altenheim besuchen – und selbst dann würden Sie wohl überrascht feststellen, dass seit Neuestem selbst von den Neunzigjährigen immer öfter iPads verwendet werden –, ist es sehr wahrscheinlich, dass fast jeder in Ihrer Umgebung ein Smartphone besitzt. Und wenn jemand kein Smartphone hat, hat er sicher ein Tablet. Ich weiß das, weil es allein in den USA fast 325 Millionen Mobilfunkverträge gibt.

Man kann davon ausgehen, dass fast die Hälfte der Mobilfunknutzer auch soziale Medien nutzt.

Wenn ich diesen Satz gut geschrieben habe, sollte er den seriösen Klang haben, den wir normalerweise für besonders wichtige Nachrichten wählen. Aber was ist daran so besonders? Mittlerweile hat es ja jeder begriffen: Soziale Medien sind überall. Sie haben die Lebensweise und Kommunikation der Gesellschaft verändert. Inzwischen sind nicht nur die Early Adopter und die jungen Leute süchtig danach – 71 Prozent der Bevölkerung in den USA sind bei Facebook, über eine halbe Milliarde weltweit bei Twitter. Alle sind dabei – angefangen beim Papst über fast jedes amerikanische Kleinunternehmen bis zu einem Papagei namens Rudy. Fast die Hälfte aller Nutzer von sozialen Netzwerken ruft diese Seiten mindestens einmal täglich auf, oft gleich morgens nach dem Aufwachen. Die sozialen Medien prägen heute die Art und Weise, wie Leute Beziehungen beginnen oder beenden, wie sie Kontakt mit Familienmitgliedern halten und sich um Stellen bewerben. Schließlich gibt es, wenn überhaupt, nur noch wenige Verweigerer, die behaupten, dass man heute ein Unternehmen ohne soziale Medien betreiben kann, insbesondere unter dem Aspekt, dass jeder Vierte soziale Medien nutzt, um seine Kaufentscheidungen zu treffen.* Angehörige der geburtenstarken Jahrgänge, die für 70 Prozent der privaten Konsumausgaben verantwortlich sind, haben ihre Nutzung der sozialen Medien innerhalb eines Jahres um 42 Prozent erhöht. Die Mütter, die in den meisten Familien für die Einkäufe zuständig sind und den Haushaltsplan erstellen, sind ganz wild darauf. Die Marketingexperten wollen die Blicke derjenigen auf ihre Produkte ziehen, die die Kaufentscheidungen treffen und Geld zum Ausgeben haben – und diese Leute verbringen immer mehr Zeit auf Social-Media-Seiten. Der Grund dafür ist, dass sie nicht mehr von ihren Laptops und PCs abhängig sind, um sich in der Welt der sozialen Medien zu bewegen. Dank ihrer Smartphones und Tablets – und irgendwann dank ihrer Brillen und wer weiß welcher Geräte – folgen ihre sozialen Netzwerke ihnen überallhin.

Soziale Medien sind wie Crack – sie führen zu einer unmittelbaren Befriedigung und machen hochgradig süchtig. Mit ihren Mobilgeräten in der Hand bekommen die Leute womöglich auch ihre Droge intravenös verabreicht in Form eines konstanten und unglaublich lauten Informations-, Bild- und Interaktionsstroms. Und wie bei jeder Droge (das weiß ich vom Hörensagen, ich habe garantiert nie im Leben etwas genommen) will man umso mehr, je mehr man bekommt. Deshalb spielt es eine Rolle, dass über die Hälfte der Mobilgeräte besitzenden US-Bevölkerung die Mobilgeräte zur Nutzung von sozialen Medien verwendet. Der Grad der Nutzung ist so hoch, dass es die Art und Weise verändert, wie sie mit Marken, Dienstleistungen und Unternehmen interagieren wollen, und zwar selbst dann, wenn sie sich gerade *nicht* auf den Social-Media-Seiten befinden.

---

*) Diese Zahl gilt heute, da das Phänomen der sozialen Medien erst etwa sieben Jahre besteht. In fünf Jahren wird es wahrscheinlich jeder Zweite sein.

Sind das besonders wichtige Nachrichten? Darauf können Sie wetten.

WIE SOZIALE MEDIEN SICH MIT DIGITALEN MEDIEN VERMISCHEN

Diese Statistik ändert die gängigen grundlegenden Marketingprinzipien. Im Lauf der letzten fünf Jahre sind die Marketingexperten dazu übergegangen, ihre Kampagnen in drei Kategorien einzuordnen – traditionell, digital und sozial. Wir wissen, dass das traditionelle Marketing mit dem Aufkommen des Internets und der digitalen Medien viel von seiner Relevanz und Reichweite eingebüßt hat, da das Publikum von Fernsehwerbung und Werbung in Printmedien abgezogen wurde. Wenn diese drei Plattformen sinnvoll aufeinander abgestimmt wurden, konnten sie sich allerdings immer noch auf effiziente Weise ergänzen. Heutzutage sind die Leute aber süchtig nach ihren sozialen Netzwerken, sie werden nervös, wenn ihre Medienerfahrung kein soziales Element hat, und ziehen weiter. Soziale Medien ziehen das Publikum nicht mehr nur vom traditionellen Marketing weg; sie kannibalisieren auch die digitalen Medien.

Die Beweise dafür liegen offen zutage. E-Mails, Banneranzeigen, Suchmaschinenoptimierung (SEO) – die Relevanz all dieser

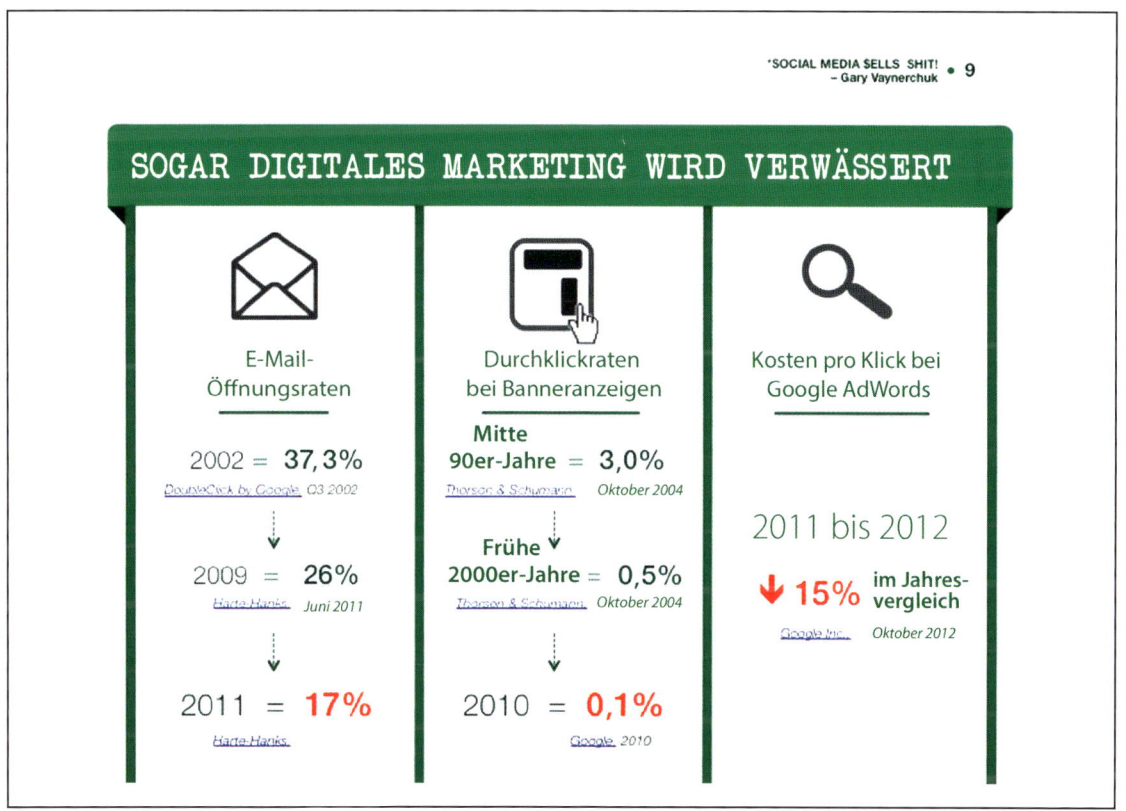

robusten digitalen Marketingtaktiken der Internetära nimmt ab, mit einer Ausnahme: wenn die digitale Plattform eine Social-Media-Komponente hat. Tatsächlich verstärkt es unmittelbar die Effizienz jeder Plattform, wenn ihr ein sozialer Aspekt hinzugefügt wird.

Das sollte jeden, der Medientrends und die historische Entwicklung aufmerksam beobachtet, nicht überraschen. Es ist normal, dass jede neue Marketingplattform ihre Vorgängerin verdrängt. Das Radio hat das Publikum für Printmedien aufgesaugt, das Fernsehen hat die Radiohörer abgeworben, das Internet wiederum hat Publikum von allen drei genannten Plattformen abgezogen. Und nun sind die sozialen Medien (die im Grunde nur eine Weiterentwicklung des Internets darstellen) dabei, sie alle zu überholen. Dabei erstaunt sogar mich die Geschwindigkeit, mit der dieser Prozess stattfindet. Es dauerte 38 Jahre, bis 50 Millionen Menschen ein Radio hatten. Das Fernsehen brauchte 13 Jahre, um ein Publikum derselben Größe zu gewinnen. Instagram hingegen brauchte nur eineinhalb Jahre.

Seit Mobilgeräte einen sofortigen Zugang zu den sozialen Medien ermöglichen, gibt es keine ungeteilte Aufmerksamkeit mehr.* Die Leute scrollen über die Facebook-Seiten, während sie mit dem Laptop auf dem Sofa liegen und nebenbei *The Voice* anschauen. Sie teilen Dinge, die ihnen gefallen, auf Pinterest, während sie die Straße überqueren. Sie laden beim Autofahren Fotos und Videos auf Instagram hoch. Und während sie im Supermarkt twittern, achten Sie weder auf die teuren Marken, die an den Regalecken präsentiert werden, noch auf die Auslagen mit Süßigkeiten und Zeitschriften vor den Kassen. Unter dem Gesichtspunkt der persönlichen Sicherheit sind mobile soziale Netzwerke eine Katastrophe – niemand achtet mehr auf seinen Weg. Aber aus der Perspektive des Marketings hat nun die Stunde geschlagen: Der am schnellsten wachsende Marketingsektor, der die Aufmerksamkeit der Leute gewinnt, sind die sozialen Medien. Die strengen Trennlinien zwischen den Marketingkategorien können nicht aufrechterhalten werden – sie müssen alle mit dem Aspekt des Sozialen durchdrungen werden.

Das Problem ist, dass die meisten Unternehmen, Marketingexperten und Unternehmer die Botschaft noch nicht verstanden haben. Sie zahlen also weiterhin zu viel Geld für geringer werdende Umsätze.

Es ist keineswegs so, dass die Unternehmen es nicht versuchen würden. Viele ließen sich nur äußerst widerwillig auf die sozialen Medien ein, aber mittlerweile begreifen die meisten, dass eine Facebook-Seite und ein Twitter-Account entscheidend für die Sichtbarkeit und Glaubwürdigkeit der Marke sind. Sie sind also dort. Sie machen es bloß noch nicht richtig. Während die Unternehmen sich langsam mit der Idee anfreundeten, auf den Social-Media-Plattformen vertreten zu sein, wuchsen die sozialen Medien über diese Plattformen hinaus und wenige Unternehmen folgten.

Marketingexperten und Unternehmenschefs müssen aufholen. Die Leute wollen den

---

*) Viele Leute reagieren darauf mit Heulen und Zähneklappern. Aber das ist nun mal der Lauf der Welt. Damit sollten Sie sich abfinden.

RUNDE 1: DIE VORBEREITUNG

sozialen Aspekt überall dort, wo sie ihre Medien nutzen. Das bedeutet, dass Sie eine soziale Komponente in Ihre gesamte Außendarstellung – dies gilt auch für die traditionellen Medien – und in jede Interaktion mit Ihren Kunden einfließen lassen müssen. Umsetzen können Sie dies, indem Sie auf Tumblr kommentieren, ein Werbebanner spieltypisch gestalten, bei einem News-Aggregator teilnehmen oder Leute am Ende eines halbminütigen Radiospots auf Ihre Facebook-Seite schicken. Ab sofort sollte jede Plattform als Social-Networking-Plattform behandelt werden.

Und nun, da Ihr Kunde mobil ist, sollten Sie besser auch mobil sein.

Ein kurzer Blick auf die Marketingbemühungen vieler Unternehmen zeigt, dass viele die große Relevanz von mobilen Netzwerken und Apps für das Markenwachstum begriffen haben. Sie verbreiten überall in den mobilen sozialen Medien ihren Content und zeigen Präsenz in den populärsten Netzwerken wie Facebook, Twitter, Instagram, Pinterest und Tumblr. Größtenteils sieht ihr Content so wie in der Abbildung unten aus.

Können Sie abgesehen vom Twitter-Feed die jeweilige Plattform erkennen? Zu der Zeit, da dieses Buch geschrieben wird und in Druck geht, können Sie dies nicht – auch wenn einige Plattformen möglicherweise irgendwann Neuerungen einführen werden, die dieses Szenario verändern könnten.

Ich schreibe dies mit dem größten Respekt: Marketingexperten, kleine Unternehmen

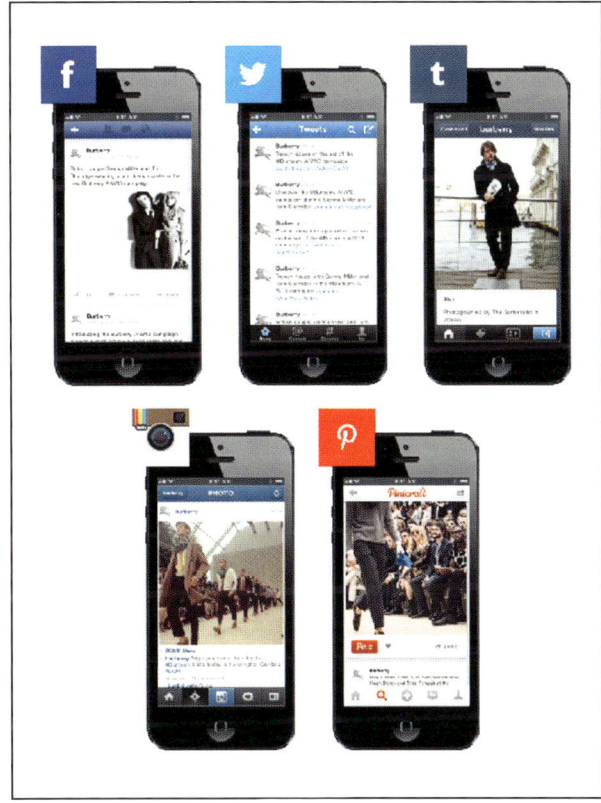

und Prominente versuchen es natürlich, aber mit wenigen Ausnahmen ist der Content, den sie liefern, ziemlich mies. Wissen Sie warum? Weil Sie nur ein Prozent Ihres Werbebudgets in mobile soziale Medien investieren, obwohl Ihre Kunden mittlerweile zehn Prozent Ihrer Zeit dort verbringen (und diese Zahl wird bald noch viel höher sein). Wenn Sie einfach den alten Content, der für eine bestimmte Plattform erstellt wurde, auf eine andere werfen, müssen Sie sich nicht wundern, wenn jeder gelangweilt gähnt. Sicher würde es niemand für eine gute Idee halten, eine Printanzeige für eine Fernsehwerbung zu verwenden oder eine Banneranzeige für einen Radio-Werbespot. Wie die entsprechenden traditionellen Medienplattformen hat auch jede Social-Media-Plattform ihre eigene Sprache. Die meisten von Ihnen haben sich nur noch nicht die Mühe gemacht, sie zu lernen. Die meisten großen Unternehmen investieren nicht das nötige Geld und die meisten kleinen Unternehmen und Prominenten nicht die nötige Zeit. Mit dieser Haltung gleichen Sie Touristen in Oslo, die sich nicht die Mühe gemacht haben, ein Wort Norwegisch zu lernen. Wie können Sie erwarten, dass es jemanden interessiert, was Sie zu sagen haben?

Ob Sie nun Einzelunternehmer, eine kleine Firma oder ein Fortune-500-Unternehmen sind, gutes Marketing bedeutet, die eigene Story so überzeugend zu erzählen, dass die Leute Ihre Produkte kaufen. Das ist eine Konstante. Was hingegen immer im Fluss ist, insbesondere in dieser lauten, mobilen Welt, ist die Art und Weise, wie die Story erzählt wird, der Zeitpunkt, wann sie erzählt wird, und der Ort, wo sie erzählt wird – und letztendlich auch wer sie erzählt.

Dieses Buch wird Ihnen zeigen, wie Sie verteilbaren, relevanten, werthaltigen Content schaffen, der dafür sorgt, dass die Verbraucher immer auf Ihre Story achten, egal, wohin sie gehen, und dann Ihren Content weitergeben, indem sie die verkaufsentscheidende Mundpropaganda schaffen. Letztendlich ist das der wahre Grund, um all dies zu tun – weil man mit den sozialen Medien schlichtweg alles verkaufen kann.

WARUM DAS STORYTELLING WIE BOXEN IST

Bis vor Kurzem war das traditionelle Marketing nichts anderes als ein einseitiger Boxkampf, bei dem Unternehmen mit rechten Haken auf dieselben drei oder vier Plattformen losgingen – Radio, Fernsehen, Print, Outdoor und später dann das Internet –, so schnell und so oft wie möglich.

„2 mitnehmen, 1 bezahlen, nur heute!" – Faustschlag.

„Kommen Sie rein und greifen Sie zu!" – Faustschlag.

„Versäumen Sie nicht diese einmalige Gelegenheit!" – Faustschlag.

Es war ein unfairer Kampf, aber es hat funktioniert. Die Kunden mussten den Schlag hinnehmen, da sie keine anderen Möglichkeiten zum Medienkonsum hatten. Durch die sozialen Medien erlangten sie jedoch einen Vorteil. Der Boxkampf fand nun auf einer Plattform statt, die es ihnen ermöglichte, Änderungen der Spielregeln zu verlangen. Sie verlangten, dass man ihnen mehr Zeit widmete. Sie wollten, dass ihre Marken und Unternehmen etwas Sparring mit ihnen machten, ihnen ihre Aufmerksamkeit schenkten, ihnen die Möglichkeit gaben, ihre Meinungen und Bedenken zu äußern und die Marke richtig kennenzulernen, bevor es schließlich um den knallharten Verkauf ging. Ab jetzt mussten die Marketingexperten ihren Kunden viel länger mit der Führhand bearbeiten, bevor sie schließlich ihren rechten Haken landen konnten.

Deshalb habe ich mich in meinen beiden letzten Büchern vorwiegend damit beschäftigt, wie man die Führhand richtig einsetzt, auch wenn mir klar war, dass Managern und Marketingexperten die rechten Haken am wichtigsten sind. Führhände sind die eher banalen Content-Bestandteile, die die Kunden zum Lachen, Kichern oder Grübeln bringen. Mit ihnen kann man die Kunden ein Spiel spielen lassen, ihnen Wertschätzung vermitteln oder ihnen eine kleine Flucht aus dem Alltag ermöglichen. Rechte Haken sind hingegen Handlungsaufforderungen, von denen Ihr Unternehmen profitiert. Es ist so, wie wenn Sie eine gute Geschichte erzählen – die Pointe oder rhetorische Klimax wirkt nicht ohne die Einleitung und die Handlung, die vorher kommen. Es gibt keinen Verkauf ohne die Story; kein Knock-out ohne Vorbereitung.

Dieselbe Technologie, die es Marketingexperten ermöglicht hat, erfolgreich zu agieren – das heißt, soziale Medien für ihr Storytelling zu nutzen, indem sie direkt mit ihren Kunden interagieren –, hat es ironischerweise im Laufe der letzten Jahre auch erheblich erschwert, diese Kunden tatsächlich zu erreichen und zu Käufern zu machen. Selbst die Unternehmen, die früh in die sozialen Medien eingestiegen sind, erleben nun trotz ihrer Bemühungen teilweise Umsatzrückgänge.

Während die Unternehmen an der Verbesserung ihrer Führhände arbeiten (der Verbesserungsbedarf ist immer noch erheblich), müssen sie gleichzeitig ihre Technik beim rechten Haken aktualisieren und verbessern. Sie müssen auf den Kontext achten. Sie müssen sich Gedanken über das Timing machen. Sie müssen anfangen, die Plattformen zu respektieren und die Nuancen zu verstehen, die diese interessant machen.

Die Content-Qualitätskrise ist vor allem durch die Tatsache bedingt, dass viele Marketingexperten und kleine Unternehmen noch immer nicht an die sozialen Medien glauben oder deren Bedeutung wirklich verstehen. Sie sind zwar auf Social-Media-Plattformen präsent, aber nur weil sie begriffen haben, dass sie dies tun müssen, um ernst genommen zu werden. Obwohl die Interaktion als notwendige Komponente der sozialen Medien für mich und andere, die über diese Plattformen erfolgreiche Unternehmen aufgebaut haben, unerlässlich ist, bleiben viele Marketingexperten skeptisch. Öffentlich bekunden sie zwar Begeisterung über die Möglichkeit, direkt mit den Kunden interagieren zu können, aber insgeheim rechnen sie damit oder hoffen sogar inständig, dass Facebook und seine Ableger nur kurzfristige Trends sind. Denn es war alles viel einfacher, bevor es die sozialen Medien gab. Ein großes Unternehmen musste nur eine Werbekampagne entwickeln, wie zum Beispiel den neandertalerartigen Caveman der Autoversicherungsgesellschaft Geico, sie möglichst weit verbreiten und sich zurücklehnen, um die Ergebnisse abzuwarten. Man verwendete dieselben Bilder und Ideen für das Fernsehen, die Printmedien und Outdoor-Kampagnen.

Wenn sich die Kampagne als nicht erfolgreich herausstellte, konnte man die Datenerhebungstechnik oder irgendein anderes zufälliges Element dafür verantwortlich machen. Nach sechs Monaten wurde die Kampagne dann unabhängig von ihrem Erfolg oder Misserfolg regelmäßig ad acta gelegt und eine neue gestartet. Als kleines Unternehmen schickte man ein paar Flyer mit der Post, erstellte eine nette Anzeige für die Gelben Seiten, ließ einen Werbespot beim Lokalradio laufen und wartete darauf, dass die Kunden erschienen. Wenn Sie im ersten Jahrzehnt des neuen Jahrtausends wirklich vorausblickend waren, dann haben Sie etwas Suchmaschinenoptimierung gemacht! Super!

Wenn Sie wirklich verstehen, wie Marketing heutzutage funktioniert, dann wissen Sie, dass es keine einzelne 6-Monats-Kampagne gibt; es gibt nur eine 365-Tage-Kampagne, bei der Sie täglich neuen Content produzieren. Vielleicht haben Sie drei große Ideen für eine Kampagne – bei der Firma Geico sind das dann der Gecko, das Schweinchen Maxwell und der Basketballspieler Dikembe Mutombo, der fröhlich den gegnerischen Ball abwehrt –, aber diese Kampagnen lässt man gleichzeitig laufen, indem man für jede eine andere Plattform auswählt und dann nur diejenige, die die beste Resonanz bekommt, als Grundlage für eine Fernsehwerbung nimmt. Wenn Sie heutzutage Ahnung von der Sache haben, dann durchkämmen Sie täglich das Internet, um zu schauen, ob irgendwo ein Bezug zu Ihrem Produkt oder Ihrer Dienstleistung besteht. Dann können Sie sich in die Konversation einbringen oder im Handumdrehen auf eine Beschwerde via Twitter um 14:47 Uhr antworten. Der richtige Umgang mit sozialen Medien ist schwieriger und erfordert mehr Zeit und Aufwand, als die meisten Leute denken. Auch wenn die Analysen immer genauer und raffinierter werden, brauchen selbst die besten rechten Haken mitunter eine Weile, bis sie quantifizierbare, auf Daten basierende Belege für ihr Funktionieren liefern (wenn Sie zum Beispiel einen Content mit einer Handlungsaufforderung posten, der die Leute zum Kauf von Flugtickets oder einer Flasche Wein animieren soll). Obwohl also die Mehrheit der Marketingexperten und Geschäftsleute nun mit den sozialen Medien arbeitet, bezweifeln viele noch immer den Wert der Plattformen, und nur wenige respektieren sie genug, um dort in finanzieller oder unternehmensphilosophischer Hinsicht richtig zu investieren. Das merkt man dann auch. Man merkt es an der niedrigen Frequenz, mit der sie Postings verfassen, an der niedrigen Qualität ihres Contents, der Einfallslosigkeit, mit der sie an jedes neue Medium herangehen, selbst wenn es gerade an Popularität gewinnt. Und das Schlimmste ist, wie unglaublich wenig Mühe sie sich geben, Interesse und Respekt für irgendeine Community zu zeigen, die sich trotz der genannten Versäumnisse um ihr Unternehmen gebildet hat.

Die meisten Marketingexperten reagieren auf eine neue Plattform so: Jemand mailt ihnen einen Artikel, in dem in etwa steht, dass die Nutzerzahlen von Snapchat gerade explosionsartig in die Höhe schnellen. Sie rufen also die Website auf, um zu sehen, was los ist. Sie bleiben ein paar Minuten dort und sehen, wie ein Haufen betrunkener 25-Jähriger Bikinifotos postet und Text in dem Stil „Führe gerade den Hund aus!" und „Sardellen… superlecker!". Sie haken die Seite als Zeitverschwendung ab und rufen sie erst zwölf Monate später wieder auf, wenn eine Menge Leute sie nutzen. Dann machen sie eine große Ankündigung und loben sich selbst, als könnte man stolz darauf sein, wenn man der Letzte in der Reihe ist: „Schaut her, was wir getan haben! Ist das nicht aufregend? Seht mal, wie zugänglich wir sind!" Das ist einfach peinlich. Das nervt mich richtig. (Gleichzeitig macht es mich auch schadenfroh, weil ihre Ahnungslosigkeit meinen Kunden, meinen Freunden und mir selbst definitiv einen Vorteil bringt.)

Ein kluger Unternehmer oder aufgeschlossener Markenmanager wird sich jedoch auf die neue Plattform begeben, die Bikinifotos sehen und denken: „Wie kann ich etwas Besseres machen?" Er wird zwölf Monate lang daran arbeiten, in seinem Geschäftsfeld eine solide Überlegenheit auf der Plattform zu gewinnen. Dabei wird er massenhaft Medienpräsenz gewinnen, da Blogger und Reporter über die Fortschritte berichten und die Strategie analysieren. Ebenso wird er die besten Nachwuchstalente anziehen, weil die Absolventen der Wirtschaftshochschulen bei fortschrittlichen Unternehmen arbeiten wollen. Sie denken vielleicht, dass angesichts dieser Vorteile Marken und kleine Unternehmen sich darum reißen würden, als Erste auf diesen Plattformen präsent zu sein, aber meistens wird ihr Sinn für die Chancen durch ihre Versagensangst, die Furcht des Justiziars vor einem Prozess oder angeblichen Zeitmangel ausgebremst. Sie bleiben in der Defensive, anstatt offensiv an die Sache heranzugehen.

Hier ist mein schmutziges Geheimnis: Auch wenn ich früh auf neue Dinge aufmerksam werde und oft die zukünftige Entwicklung sehen kann, bin ich nicht Nostradamus. Ich bin nicht einmal Yoda. Ich bin nur jemand, der neuen Plattformen den Respekt erweist, den sie verdienen. Ich werde keine Voraussage machen, dass eine Plattform in einem Jahr 20 Millionen Nutzer hat. Sobald ich aber das Gefühl habe, dass dies der Fall sein wird, investiere ich dort mein Geld und meine Zeit, sondiere das Terrain und probiere neue Rezepte, bis ich herausgefunden habe, wie ich meine Story so erzählen kann, dass das Publikum dieser Plattform sie hören will.

Ich finde es unglaublich, wie viele Marketingexperten die Mediennutzungsgewohnheiten von fünf Millionen Menschen einfach als irrelevant abtun. Nur weil Ihre Tochter im Teenageralter und deren Freunde sich für eine neue Plattform begeistern, bedeutet das nicht, dass diese Plattform für Sie oder Ihre Marke keine Relevanz hat. Vielleicht sehen Sie keinen Sinn darin, Ihre Gedanken über Nagellack zu teilen oder jedes Mal, wenn Sie ein neues Tattoo haben, ein Foto davon zu posten oder es jedes Mal die Öffentlichkeit wissen zu lassen, wenn sie in ein Wendy's-Schnellrestaurant gehen. Wenn aber 20 Millionen andere Leute es tun, dann müssen Sie mit dieser Information etwas anfangen. Plattformen zu ignorieren, die eine kritische Masse an Nutzern gewonnen haben, ist eine großartige Methode, um lahm und abgehoben zu wirken. Klammern Sie sich nicht an nostalgische Vorstellungen. Stellen Sie Ihre Prinzipien nicht über die Realität des Marktes. Seien Sie kein Snob.

Sie können in den sozialen Medien nicht richtig erfolgreich sein, wenn Sie Angst vor neuen Technologien haben. Diejenigen unter uns, die 2006 auf YouTube unterwegs waren, haben genug Deppen gesehen, die

Mentos-Bonbons in Cola tauchen oder ihre Katzen in alberne Kostüme stecken. Aber wie Eltern, die wissen, dass ihr Kleinkind, das momentan noch Erbsen mit der Hand zu Brei zerdrückt, irgendwann mit Messer und Gabel essen wird, glaubten wir daran, dass diese Plattform noch nicht ganz ausgereift war und ihr volles Potenzial noch nicht erreicht hatte. Einige sahen in YouTube eine Website zur Verbreitung von Amateurvideos; wir sahen hier jedoch die Zukunft des Fernsehens. Ich selbst habe experimentiert und Ideen getestet, um zu sehen, was funktionierte. Um meinen Wiedererkennungswert zu erhöhen, kreierte ich einen Jingle wie bei einem Radiosender. Ich behandelte YouTube als wichtige Plattform, und so machten es auch viele andere, die nun bekannte Marken haben. (Diese Leute machten nicht den Fehler wie ich, im Jahr 2007 YouTube durch Viddler zu ersetzen. Selbst ich vermassele es manchmal!) Wir haben nichts weiter getan, als die Plattform ernst zu nehmen und einen enormen Aufwand zu betreiben, um herauszufinden, wie wir sie in unserem Sinne nutzen konnten. Dabei führten wir den gleichen intensiven Prozess des Prüfens und Beobachtens durch wie jeder Boxchampion vor einem Kampf.

Ein Boxer verbringt viel Zeit damit, seine eigene Technik zu analysieren, verbringt aber genauso viel Zeit damit, die Technik seines Gegners zu analysieren. Selbst wenn zwei Gegner sich erstmals im Ring gegenüberstehen, kennen sie einander schon gut. Monate vor dem Boxkampf verbringen die Konkurrenten nämlich neben dem regelmäßigen frühmorgendlichen Training im Fitnessstudio und im Übungsring schon Hunderte von Stunden damit, einander auf Filmaufnahmen zu studieren. Wie unglaublich geschickte Verhaltenswissenschaftler analysieren sie jede Bewegung und jeden Schlag ihres Gegners in früheren Kämpfen. Dabei spulen sie das Filmmaterial immer wieder zurück und sehen sich dieselbe Szene wiederholt an in dem Versuch, sich die Technik des Gegners und insbesondere die Ticks und Gewohnheiten einzuprägen, die einen Boxer vor dem bevorstehenden Schlag warnen können. Zwinkert der Gegner, bevor er mit der rechten Hand zuschlägt? Zögert er zurückzukommen, nachdem er mit einem Cross geschlagen wurde? Lässt er die Hände sinken, wenn er müde wird? Schließlich wird ein Boxer am Tag des Kampfes all diese Informationen in den Ring mitnehmen. Er ist dann mit einer Strategie ausgestattet, die genau darauf abgestimmt ist, einen Vorteil aus den Schwächen seines Gegners zu ziehen und sich vor den Stärken des anderen zu schützen, sodass er sich mit seinen besten Schachzügen in eine Gewinnposition manövrieren kann.

Wenn mehr Marketingexperten beim Herangehen an eine Plattform ihre Storys mit derselben Sorgfalt wie Boxer vorbereiten würden, könnten sie einen viel besseren Content produzieren. Wie gute Boxer sind gute Storyteller aufmerksam und selbstkritisch. Ein guter Geschichtenerzähler stellt sich völlig auf sein Publikum ein; er weiß, wann er langsamer werden muss, um maximale Spannung zu erzeugen, und wann er schneller werden muss, um einen komischen Effekt hervorzurufen. Es spürt es, wenn die Leute das Interesse verlieren, und kann seinen Ton entsprechend anpassen oder sogar seine Geschichte selbst abändern, um ihre Aufmerksamkeit zurückzugewinnen. Auch beim Online-

Marketing muss man dieses Bewusstsein für das Publikum haben, was wir dank der ungeheuren, uns permanent zur Verfügung stehenden Datengewinnungsmöglichkeiten durchaus erreichen können. Das in Echtzeit erfolgende Feedback, das die sozialen Medien bieten, ermöglicht es Marken und Unternehmen, mit wissenschaftlicher Präzision immer wieder neue Tests durchzuführen, welcher Content das Publikum anspricht und welcher es kaltlässt. Wenn Sie die gründlichen Analysen nicht beachten, die von Facebook (und bald auch von anderen Plattformen) für Ihre Fanseite angeboten werden, ist das genauso, wie wenn Sie als Boxer in den Ring steigen, ohne auch nur ein Video angeschaut zu haben, das Ihren Gegner im Kampf zeigt.

WAS MACHT EINE GUTE GESCHICHTE AUS?

Eine gute Marketingstory ist eine, die erfolgreich verkauft. Sie schafft eine Emotion, die Verbraucher dazu bringt, sich so zu verhalten, wie Sie es gern hätten. Ein Mobilfunkunternehmen will die Leute dazu animieren, feste Verträge abzuschließen; Disney will, dass die Leute Flüge und Hotelaufenthalte buchen und Geld im Freizeitpark ausgeben; und eine gemeinnützige Organisation will Spenden einwerben. Ihre Story ist nicht stark genug, wenn sie das Pferd nur zur Tränke führt, sie muss das Pferd auch zum Saufen bringen. In den sozialen Medien kann man dieses Ziel nur mit einer Story erreichen, die eigens für dieses Medium erstellten Content enthält.

Ein solcher eigens erstellter Content macht die Story zugkräftiger. Er ist so gestaltet, dass er alles reflektiert, was eine Plattform für den Verbraucher attraktiv und wertvoll macht – die Ästhetik, das Design und den Ton. Er bietet denselben Mehrwert wie der andere Content, den die Leute auf der Plattform nutzen. E-Mail-Marketing war eine Form von eigens erstelltem Content. Es hat in den 1990er-Jahren gut funktioniert, weil die Nutzung von E-Mail bereits weit verbreitet war; wenn man die Story mit eigens erstelltem Content erzählte und den Verbrauchern auf dieser Plattform etwas lieferte, was sie schätzten, gewann man ihre Aufmerksamkeit. Und wenn man sie genug bearbeitet hatte, um sie in Kauflaune zu bringen, dann machte man sie zu Kunden. Die Regeln sind heute, da die Leute ihre Zeit mit den sozialen Medien verbringen, immer noch die gleichen.

Natürlich kann ich Ihnen nicht sagen, welche Geschichte Sie erzählen sollen. Ich kann Ihnen aber sagen, wie Ihr Kunde die Geschichte hören will, wann er sie hören will und was ihn am ehesten zum Kauf animieren wird. Supermärkte oder Schnellrestaurants wissen beispielsweise aus Radiodaten, dass eine ideale Zeit zum Senden eines Radiospots um 17:00 Uhr ist – dann nämlich, wenn die Mütter ihre Kinder von der Schule abholen und entscheiden, was es zum Abendessen gibt oder ob sie überhaupt etwas kochen sollen. Soziale Medien liefern Ihnen die gleichen Erkenntnisse. Vielleicht sagen Ihnen die Daten, dass Sie früh am Morgen auf Facebook posten sollten, bevor die Leute zu arbeiten anfangen, und dann wieder um 12:00 Uhr, wenn sie Mittagspause machen. Je besser Sie die Psychologie und die Gewohnheiten Ihrer Social-Media-Nutzer kennenlernen, umso besser können Sie die richtige Story zur richtigen

Zeit erzählen. Eine Story ist am besten, wenn sie nicht aufdringlich ist, wenn sie den Nutzern der Plattform einen Mehrwert bringt und wenn sie sich als natürlicher Schritt in den Weg des Kunden zu einer Kaufentscheidung einfügt.

Nur Sie wissen, was Ihre Geschichte tatsächlich sagen soll. Anfangs lautet die Aussage vielleicht: „Mit unserer Barbecue-Soße gewinnen Sie den ersten Preis beim Chili-Kochwettbewerb." Später kommen Sie vielleicht zu dem Schluss, dass es wichtiger ist, die Story zu erzählen, dass „unsere Soße rein natürliche Zutaten regionalen Ursprungs" hat. Woher wusste MasterCard, dass nun der richtige Zeitpunkt für die „Priceless"-Kampagne war? Nike hatte schon eine ganze Reihe von Storys ausprobiert, bevor es auf die Idee mit der „Just Do It"-Kampagne kam. Es gibt etliche rhetorische Stilmittel, die oft funktionieren, aber letztendlich kann die Story, die Sie erzählen wollen, sich täglich oder sogar stündlich ändern. Die perfekte Story ergibt sich aus Ihrem Insiderwissen über die Geschichte Ihres Unternehmens, die Geschichte Ihrer Konkurrenten und zunehmend daraus, was in der Welt vor sich geht und worüber die Verbraucher sprechen wollen.

Welche Story Sie auch immer erzählen, Sie müssen Ihrer Marke treu bleiben. Ein Storytelling mit eigens erstelltem Content macht es nicht erforderlich, dass Sie Ihre Identität an eine bestimmte Plattform anpassen; Ihre Identität bleibt immer dieselbe. Ich verhalte mich jeweils anders, wenn ich vor einem Kunden in Washington, D.C. eine Präsentation halte, wenn ich an einem Bahngleis stehe und nach Hause fahren will und wenn ich abends mit meinen Freunden Fußball schaue. Dabei bleibe ich aber immer derselbe. Verschiedene Plattformen ermöglichen es Ihnen, verschiedene Aspekte Ihrer Markenidentität hervorzuheben, und mit jeder Aktion können Sie einen anderen Teil Ihrer Story erzählen. Haben Sie Spaß dabei. Einer der größten Fehler, den große Marken machen, ist, dass sie sich immer auf denselben Ton versteifen, egal, welche Plattform sie gerade nutzen. Indem sie an diesem nicht mehr zeitgemäßen Modell festhalten, versäumen sie die größten Vorteile der sozialen Medien – dass man immer mehrere Optionen hat.

Einzelunternehmern wird es viel leichter fallen, von diesen Optionen zu profitieren, weil sie nicht in der gleichen Bürokratie feststecken wie Fortune-500-Unternehmen. Während Einzelunternehmer und Start-ups locker auf Echtzeit-Feedback von Verbrauchern reagieren können, brauchen große Unternehmen lange Zeit, um mit ihren großen, alten Schiffen einen neuen Kurs aufzunehmen. Einzelunternehmer können aufgrund ihrer kleineren Betriebsgröße schneller Entscheidungen treffen. Da sie keine Horde von Rechtsanwälten haben, die jedes Wort analysieren, können sie ihren Sinn für Humor bewahren. Sie können ihre Persönlichkeit und ihre Menschlichkeit bewahren, egal auf welcher Plattform sie sich bewegen. Sobald Start-ups genug gewachsen sind, um bei den großen Playern mitzuspielen, werden sie oft übervorsichtig und gehen nur noch auf Nummer sicher.

DER BOXSPORT

Marketingexperten fragen mich ständig nach einem vorgefertigten Storytelling-Muster, das präzise die optimale Anzahl an Führhänden vorgibt, die man landen muss, bevor man zu einem rechten Haken ausholen kann. Ein solches Muster gibt es nicht. Im Social-Media-Storytelling gelten grundsätzlich die gleichen Regeln wie beim Boxen. Es erfordert ein ständiges Experimentieren und stundenlange Beobachtung. Erfolgreiche Online-Marketing-Experten achten besonders auf Variablen wie Umweltveränderungen und demografischen Wandel. Zu welchen Zeiten erleben wir die meisten Reaktionen? Was passiert, wenn wir Umgangssprache verwenden? Wie funktioniert dasselbe Bild mit unterschiedlichen Werbeslogans? Hat es einen Unterschied gemacht, wenn wir einen Hashtag hinzugefügt haben? Verstärkt es das Interesse der Nutzer, wenn wir animierte GIFs verwenden? Die Antworten lassen sich finden, wenn Sie lernen, wie man Tests richtig durchführt und die Daten korrekt interpretiert. Sie können auf Anhieb sehen, wie viele Leute auf Instagram ein Herzchen machen; wie viele Fans auf Facebook Inhalte teilen und kommentieren; wer auf Pinterest repinnt und wie oft; wie viele Leute auf Tumblr rebloggen und Notizen schreiben.

Sowohl für kleine als auch für große Unternehmen kann es schwierig sein, für diese Analysen Zeit und Geld zur Verfügung zu stellen, aber es ist unerlässlich. Es reicht nicht, nur zu experimentieren – Sie müssen auch auf die Ergebnisse reagieren. Auf diese Weise finden Sie ein Rezept, nach dem Sie Ihr künftiges Storytelling auf der Plattform anlegen können. Dieses Rezept sollte jedoch nur als ein allgemeiner Rahmen betrachtet werden, denn ebenso wie ein Boxer können Sie nicht immer wieder auf die gleiche Weise angreifen. Ein Boxkämpfer wird sich auf den Versuch konzentrieren, den Körper des Gegners zu treffen, wenn er erfährt, dass dieser sich ungern dort treffen lässt. Der Nächste, gegen den er kämpft, fürchtet sich vielleicht nicht davor, dort getroffen zu werden. In diesem Fall muss er seine Herangehensweise ändern.

Ebenso ist jede Plattform einzigartig und erfordert ein einzigartiges Rezept. Was auf Faccbook funktioniert, muss nicht unbedingt auch auf Twitter funktionieren. Storys, die auf Instagram über Bilder erzählt werden, haben nicht dieselbe Wirkung, wenn sie in entsprechender Weise auf Pinterest erzählt werden. Auf Tumblr und auf Google+ denselben Content zu posten ist in etwa das Gleiche, wie wenn ein Tourist meint, er könne auch einfach Isländisch sprechen, da er kein Norwegisch kann. Das ist dumm. Zwar haben beide Sprachen ähnliche Wurzeln und werden von großen, traumhaft schönen Blondinen gesprochen, aber davon abgesehen sind sie völlig verschieden.* Wenn Sie heutzutage wollen, dass die Leute Ihre Story in den sozialen Medien hören und dann entsprechend handeln, müssen Sie die Muttersprache einer Plattform verwenden, auf den Kontext achten, die Nuancen und subtilen Unterschiede verstehen, die jede Plattform einzigartig machen, und Ihren Content entsprechend anpassen. Es ist durchaus anspruchsvoll, einprägsamen, effizienten Social-Media-Content für mobile Medien zu schaffen, der Fans zu

---

*) Ich hoffe, dass dieser Satz meinen Umsatz in Island erhöht. Ich habe schon lange diese verrückte Idee, in Island richtig populär zu sein.

Kunden macht. Nun ist es an der Zeit, diese Wissenschaft zu lernen.

Heutzutage gehören immer drei Merkmale zu einem perfekten rechten Haken:

1. Er macht die Handlungsaufforderung einfach und leicht verständlich.
2. Er ist sowohl auf mobile als auch auf alle anderen digitalen Geräte perfekt abgestimmt.
3. Er respektiert die Nuancen des sozialen Netzwerks, für das Sie den Content erstellen.

Ich werde Ihnen noch mehr Infos geben, mit deren Hilfe Sie Ihre Führhände verbessern können, aber ich würde Sie gern dazu bringen, sie an anderen Stellen zu landen, als Sie es gewohnt sind. Ich habe oft gesagt, man müsse dahin gehen, wo die Leute ihre Augen haben, aber jeder Verbraucher müsste 16 Augen haben, um mit der Vielzahl an Geräten und Medien Schritt zu halten, die heutzutage um seine Aufmerksamkeit konkurrieren. Das Ziel jedes Marketingexperten besteht darin, den Verbraucher in dem Moment zu erreichen, wo seine Kaufneigung am größten ist. Um das zu erreichen, müssen Sie dort sein, wo die Leute sich aufhalten. Das ist ein schwieriges Unterfangen, wenn die Leute ständig woanders unterwegs sind, aber es ist dennoch machbar. Sie sollten allerdings, egal, wo Sie Ihre Kunden treffen, besser eine geniale Story und einen tollen Content, mit dem Sie diese rüberbringen, auf Lager haben.

RUNDE 2:
Was **GUTEN CONTENT** und **ÜBERZEUGENDE STORYS** kennzeichnet

Die Social-Media-Revolution hat die Vorrangstellung der Experten und Entscheidungsträger im kulturellen Leben beendet und den normalen Leuten eine Stimme gegeben. Doch es ist überwältigend, gleichzeitig so viele Leute reden zu hören – ganz zu schweigen davon, dass sie ihre Meinungen äußern, debattieren, andere unterhalten und unterweisen und auf verschiedenste Weise ihre Ansichten im Internet kundtun. Viele Marketingexperten reagieren darauf, indem sie einen konstanten, ununterbrochenen Strom von neuem Content in ihren sozialen Netzwerken posten, um auf diese Weise eher gesehen und gehört zu werden. Doch die Social-Media-Gleichung erfordert Quantität *und* Qualität. Viel zu viel von dem Content, den Unternehmen und Prominente einstellen, ist kaum innovativer oder interessanter als eine Anzeige in den Gelben Seiten.

Sie können massenhaft Müll auf diesen Plattformen finden, insbesondere wenn sie neu sind und die Leute zwanghaft Content wie Karnevalskamellen um sich werfen oder wenn sie alt und ihrem Alter entsprechend gestaltet sind. Marken und kleine Unternehmen wollen relevant, engagiert und authentisch wirken. Wenn ihr Content aber banal und fantasielos ist, lässt er sie nur schwach aussehen. Content aus reinem Selbstzweck ist sinnlos. Postings, die einen falschen Klang haben, insbesondere in Form von Ködern und direkter Werbung, nehmen nur Platz weg und werden von den meisten Nutzern zu Recht ignoriert. Nur hervorragender Content kann sich gegenüber der allgemeinen Geräuschkulisse durchsetzen. Hervorragender Content kann im Allgemeinen dadurch identifiziert werden, dass er sich an die sechs folgenden Regeln hält:

1. ER WURDE EIGENS FÜR DAS MEDIUM ERSTELLT

Auch wenn die Funktionen der Plattformen sich manchmal überschneiden, pflegt jede eine eigene Sprache, Kultur, Sensibilität und einen eigenen Stil. Einige unterstützen textlastigen Content; andere sind besser für aufwendige visuelle Darstellungen geeignet. Einige lassen Hyperlinks zu, andere nicht. Diese Unterschiede sind nicht unbedeutend – wenn Sie die falsche Art von Content auf eine Plattform setzen, sind Ihre Marketingbemühungen zum Scheitern verurteilt. Eigentlich versteht sich das von selbst, aber wie Sie anhand der Beispiele in diesem Buch sehen werden, nehmen viele Unternehmen sich einfach nicht die Zeit, um die spezielle Funktionsweise der Plattform kennenzulernen, bevor sie diese mit Content zuschütten. Diejenigen, die es tun, sehen jedoch entsprechende Ergebnisse. Und diejenigen, die das Ganze wirklich gründlich untersuchen, um die Feinheiten und Nuancen der Plattform zu verstehen, die für den Gelegenheitsnutzer nicht offensichtlich sind? Sie sind wirklich erfolgreich. Es ist wie der Unterschied zwischen jemandem, der eine neue Sprache gut genug lernt, um sich im Restaurant eine Mahlzeit zu bestellen und über seinen Tag zu berichten, und jemandem, der sie so perfekt beherrscht, dass er in dieser Sprache träumt, flucht und Liebe macht. Marketingexperten, die Plattformen auf diesem Perfektionsniveau verstehen, sind diejenigen, deren Unternehmen am meisten beachtet und geschätzt werden. Dies war schon immer so. Man vergisst gern, dass es lange gedauert hat, bis Fernsehwerbespots so überzeugend und breitenwirksam wurden, wie sie es heute sind. Ursprünglich hatten nur ausgewählte Familien Zugang zum Fernsehen und dann saß ein Typ im Anzug an einem Schreibtisch, der die Werbespots ankündigte, oder es tönte eine Stimme aus dem Off: „Diese Sendung wird Ihnen präsentiert von…" Nicht gerade fesselnd. Fernsehspots führten erst dann zu einer Umsatzsteigerung, als mehr Haushalte ein Fernsehgerät hatten und das Fernsehen eine beliebte Form der Familienunterhaltung wurde. Insbesondere fingen die Fernsehspots allmählich an zu funktionieren, als einige kluge Marketingexperten herausfanden, wie sie mit den Verbrauchern auf eine Weise sprechen konnten, die speziell für die Plattform geeignet war – mit kurzen, szenischen Storys, die plastische Charaktere enthielten. Die Werbespots wurden zu einem intrinsischen Teil der Fernseherfahrung. Die Leute summten die Jingles auf ihrem Weg zur Arbeit oder beim Staubsaugen. Die Marken wurden kulturelle Symbole und die Produkte – der Fertiggrießbrei, das Bohnerwachs und das Fertigtiefkühlgericht – waren Verkaufsrenner. Der Grund dafür war, dass die Marketingexperten herausgefunden hatten, wie man einen Content schuf, der visuell ansprechend und unterhaltend war und eine Story enthielt: Werbespots, die den Content widerspiegelten, der bereits auf der Plattform ausgestrahlt wurde und an den das Fernsehpublikum gewöhnt war.

Content ist überaus wichtig, aber der Kontext ist am allerwichtigsten. Sie können einen guten Content erstellen, aber wenn er den Kontext der Plattform, auf der er erscheint, ignoriert, kann er trotzdem wirkungslos verpuffen. Die meisten Marketingexperten vernachlässigen den Kontext, denn sie bewegen sich in den sozialen Medien, um etwas zu verkaufen. Die Verbraucher sind jedoch aus

anderen Gründen dort. Sie suchen einen Mehrwert. Dieser Mehrwert kann vielgestaltig sein. Manchmal besteht er in einigen Minuten Erholung vom Stress eines anstrengenden Tages. Manchmal besteht er in Unterhaltung, Informationen, Nachrichten, Promiklatsch, Freundschaft, einem Gemeinschaftsgefühl, einer Möglichkeit, sich beliebt zu fühlen oder anzugeben. Social-Networking-Sites hellen die Dopaminbahnen und Lustzentren des Gehirns auf. Ihr Content muss dieselbe Wirkung haben, und das wird auch der Fall sein, wenn er so aussieht und so klingt, wenn er denselben Mehrwert und dieselben emotionalen Vorteile bietet, wegen denen die Leute überhaupt auf die Plattform gekommen sind. Anders gesagt, er wird funktionieren, wenn er eigens für die Plattform erstellt wurde.

Was bedeutet „eigens für eine Plattform erstellt"? Das hängt von der Plattform ab. Tumblr zieht die künstlerisch ambitionierten Leute an und unterstützt animierte GIFs (kurze Endlosvideoschleifen). Ein Text-Posting einer

Designfirma mit dem Wortlaut „Besuchen Sie unsere Website, um unsere preisgekrönten Büromöbel-Designs zu sehen" wäre hier sinnlos (tatsächlich wäre das auf jeder Plattform ein miserables Posting). Das Gleiche gilt für ein Foto mit geringer Qualität auf dem hochglanzmäßigen, auf perfekte Bilder ausgerichteten Pinterest. Twitter spricht ein ironisches, urbanes Publikum an, das Hashtags mag. Ein ernstes Posting wie „Wir lieben unsere Kunden!" würde wahrscheinlich total ignoriert werden. Es klingt hier komisch, und dennoch findet man überall Postings wie dieses, die zeigen, dass die meisten Marken nicht darauf achten, welcher Content plattformspezifisch ist.

Sie wissen bereits, dass erfolgreiches Social-Media-Marketing es erfordert, erst einen Trefferhagel mit der Führhand zu landen, bevor man mit einem rechten Haken den Verkauf besiegelt. Auch wenn man damit nicht rechnen würde, sind die sanftesten Führhände tatsächlich am effektivsten. Sie werden mit eigens erstelltem Content ausgeführt, der sich nahtlos in die Angebote der Plattform einfügt und

Storys erzählt, die den Verbraucher auf einer emotionalen Ebene ansprechen. Von außen betrachtet sieht das Anfüttern des Kunden mit dieser Art von Content vielleicht nicht wie die Vorbereitung für den rechten Haken aus, der letztendlich zum Verkauf führt, aber genau das ist es. Denn das Lächeln, Kichern, Prusten oder sogar die Tränen einer Person stellen langfristig einen unschätzbaren finanziellen Wert dar.

Eigens erstellter Content wurde mit einer zeitgemäßen Form des Advertorials oder des Infomercials verglichen. Es ist ganz ähnlich wie bei der Talkshow, die eigentlich keine Talkshow ist, sondern eine Zusammenkunft zum Verkauf von Schongarern, und wie bei dem mit einer Schlagzeile versehenen Artikel, der eigentlich kein Artikel ist, sondern die Vorstellung eines neuen Medikaments gegen Gelenkschmerzen: Eigens erstellter Content sieht genauso aus und hört sich genauso an wie jeder andere Content, der auf der Plattform erscheint, für die er erstellt wurde. Damit hören die Gemeinsamkeiten aber auch auf.

Infomercials und Advertorials werden wegen ihrer geringen Produktionskosten normalerweise belächelt. Sie wirken irgendwie billig. Manchmal ist dieser billige Eindruck gerade das, was die Sache funktionieren lässt – man kann sich als Zuschauer nur schwer entziehen, wenn Ron Popeil in seiner Showküche herumhantiert, mit seinem Moderatorkollegen quasselt und Hühnchen aus dem Grill zieht. Klassische Advertorials und Infomercials sind nicht sonderlich subtil – sie sind voll mit rechten Haken. Zwar sind sie informativ und unterhaltsam, aber sie sollen verkaufen. Ob für die Marke nun ein Werbespot im Fernsehen oder eine Anzeige in einer Zeitschrift platziert wird, man wird auf jeden Fall eine riesige Telefonnummer und Internetadresse unten auf dem Bildschirm oder auf der Seite finden. Und selbst wenn diese offensichtlichen Anzeichen nicht da wären, ist der Ton des Ganzen doch immer derjenige eines Verkaufsgesprächs. Die Verbraucher könnten sich dem Kauf gar nicht entziehen, selbst wenn sie wollten.

Eigens erstellter Content wirkt jedoch nicht billig, wenn er gut gemacht ist, und zielt auch nicht eindeutig auf den Verkauf ab. Er ist vor allem eines: cool. Was ist das Rezept für Coolness? Keine Ahnung. Sie erkennen es, wenn Sie es sehen. Es ist all das, was Ihr Gefühlszentrum so stark anspricht, dass Sie es mit jemandem teilen müssen. Es kann ein Zitat sein, ein Bild, eine Idee, ein Artikel, ein Comicstrip, ein Song, eine Parodie. Was immer es auch ist, es sagt ebenso viel über Sie, die Person, die es mit anderen teilt, aus wie über die Marke oder das Unternehmen, das es geschaffen hat. Es gibt kein Rezept für coolen Content – abgesehen davon, dass Sie ihn nicht erstellen können, ohne wirklich zu verstehen, wie Ihr Publikum tickt und was es sucht, wenn es soziale Medien nutzt.

Guten plattformspezifischen Content zu schaffen, hat nur wenig mit Verkaufen und viel mit geschicktem Storytelling zu tun. In den Händen von jemandem, der klug mit den sozialen Medien umzugehen weiß, bekommt eine Marke, die plattformspezifischen Content erstellen kann, etwas Menschliches. Auch wenn die Campbell Soup Company auf Facebook wahrscheinlich ganz andere Themen postet als Ihre Mutter, sollten die Postings dennoch so klingen, als würde eine echte Person, ein Freund, ein Bekannter oder ein

Experte, sie schreiben. Wenn eigens erstellter Content geschickt präsentiert wird, dann wird er als ebenso interessiert wahrgenommen wie jeder andere. Der Grund dafür ist, dass auf intelligente Weise eigens erstellter Content in den sozialen Medien im Gegensatz zu den Marketingtaktiken, die den Leuten früher aufgezwungen wurden, versucht, die Interaktion des Verbrauchers mit der Plattform zu erhöhen, anstatt ihn davon abzulenken.

Erkennen Sie den Unterschied auf den vorausgehenden Abbildungen? Weitere Beispiele finden Sie in den bebilderten Kommentaren am Ende der Kapitel 3 bis 7.

2. ER STÖRT NICHT

Die Keebler-Zwerge, der Trix-Hase, die Yoplait-Damen, die sich gegenseitig mit Begeisterungsbekundungen, wie gut der Joghurt ist, überbieten – sie wurden alle geschaffen, um zu unterhalten. Damit Sie sich das nächste Mal, wenn Sie Lust auf Cornflakes oder einen Snack haben, an die lustige Werbung erinnern und sich genötigt fühlen, das Produkt zu kaufen. Das kräftige Kinn und der in die Ferne gerichtete Blick des Marlboro-Manns sollten den Betrachter überzeugen, dass er als Raucher dieser Zigarette eine ähnliche Männlichkeit und Unabhängigkeit ausstrahlen könnte. Werbung und Marketing sollen bei den Verbrauchern ein Gefühl wecken und sie dann dazu bringen, aufgrund dieses Gefühls zu handeln. In dieser Hinsicht unterscheidet sich der Content, den Marketingexperten heute schaffen, kaum von dem, der vor 50 Jahren erstellt worden wäre. Er sollte sich allerdings dahingehend unterscheiden, wie er die Medienerfahrung des Verbrauchers tangiert oder auch nicht tangiert. Der Marlboro-Mann war zwar der starke, ruhige Typ, aber dennoch ein Eindringling. Die Leute schauten *Bonanza* und dann kam er und unterbrach das Programm, um ihnen Zigaretten zu verkaufen. Dann folgten Werbespots für Allzweckreiniger, Wärmecreme oder Erdnussbutter. Egal, wie gut die Werbespots waren, sie stellten eine klare Unterbrechung der Show dar. Die Marketingexperten von heute müssen die Unterhaltung des Verbrauchers nicht mehr stören. Tatsächlich müssen wir dies auf jeden Fall vermeiden. Die Leute haben heute keine Geduld mehr für so etwas. Deshalb haben sie sich auch so schnell auf die Möglichkeit gestürzt, Werbung komplett zu umgehen, die sich mit dem Aufkommen der Festplattenrekorder in den späten 1990er-Jahren und anderer Geräte zum Überspringen von Werbung ergab. Wenn wir Leute ansprechen wollen, während sie gerade ihre Unterhaltung konsumieren, dann müssen wir genau genommen ihre Unterhaltung *sein*, indem wir uns nahtlos in das Unterhaltungserlebnis einfügen. Oder in das Nachrichtenerlebnis. Oder in das Erlebnis des Zusammenseins mit der Familie und Freunden. Oder in das Design-Erlebnis. Oder in das Networking-Erlebnis. Welches Erlebnis die Leute auf ihren bevorzugten Plattformen auch immer suchen – eben dieses sollten die Marketingexperten möglichst reproduzieren. Vielleicht sind die Leute heute nicht in Kauflaune, aber morgen könnte das schon ganz anders sein, und sie werden dann viel eher eine Marke kaufen, von der sie sich verstanden fühlen und von der sie ihre Werte repräsentiert fühlen, als eine, gegenüber der sie keine emotionale Verbundenheit empfinden.

3. ER STELLT SELTEN ANSPRÜCHE

Der Werbespezialist Leo Burnett gab folgenden Rat für die Erstellung von gutem Content:

Make it simple.
Make it memorable.
Make it inviting to look at.
Make it fun to read.

Ich möchte noch eine weitere Regel hinzufügen: Machen Sie es für Ihren Kunden oder Ihr Publikum, nicht für sich selbst.

Seien Sie großzügig. Seien Sie informativ. Seien Sie witzig. Seien Sie inspirierend. Zeigen Sie all die Eigenschaften, die uns an anderen Menschen gefallen. Darum geht es beim Einsatz der Führhand. Rechte Haken repräsentieren das, was wertvoll für Sie ist – den Verkauf abzuschließen, die Leute in den Laden zu bekommen. Bei den Führhänden geht es darum, was für den Kunden wertvoll ist. Woher wissen Sie, welcher Content für die Leute wertvoll ist? Schauen Sie auf ihre Smartphones. Smartphone-Displays zeigen Ihnen, welche Art von Content die Leute schätzen. Im Allgemeinen sind dies die drei beliebtesten App-Kategorien:

a. Soziale Netzwerke – das zeigt, dass die Leute sich für andere Leute interessieren.
b. Unterhaltung, darunter Spiele und Musik-Apps – das zeigt, dass die Leute etwas Entspannung suchen.
c. Nützliches, darunter Karten, Notepads, Organizer und Gewichtsreduktionssysteme – das zeigt Ihnen, dass die Leute Service schätzen.

Der Großteil Ihres Contents sollte sich einer dieser drei Kategorien zuordnen lassen. Manchmal ist es offensichtlich, wie ein Unternehmen mit diesem Content die Kunden anlocken kann. Ein Kosmetikunternehmen könnte leicht eine Story in der Kategorie Nützliches erzählen, indem es seinen Kunden auf Facebook kurze Videos (unter 15 Sekunden) darüber präsentiert, wie man sich richtig schminkt, oder indem es auf Pinterest eine Infografik einstellt, die interessante Fakten über die Geschichte seiner Produkte veranschaulicht und zeigt, wie Frauen diese im Lauf der Zeit verwendet haben. Aber wie könnte ein Kosmetikunternehmen Unterhaltung bieten? Wenn seine Zielgruppe 18- bis 25-jährige Frauen sind, könnte es Demoversionen neuer Musik einstellen, die 18- bis 25-Jährige anspricht. Außerdem könnte es das Bühnen-Make-up weiblicher Musikstars auf seine Bestandteile hin analysieren, sich vielleicht bewundernd hinsichtlich der Risiken äußern, die sie eingehen, und erklären, wie man den gleichen Effekt in abgemilderter Form zu Hause erreichen kann. Was den Kundenwunsch nach Interaktion mit anderen Leuten angeht, kann das Unternehmen diesen bedienen, indem es einfach eine menschliche Seite zeigt. Es muss sich an Gesprächen beteiligen und Interessen finden, die es mit den Kunden teilt. Es muss auf das, was die Leute sagen, reagieren, und zwar nicht nur auf das, was über die Marke an sich gesagt wird, sondern auch auf verwandte Themen. Zum Beispiel wenn es darum geht, wie Frauen die äußeren Zeichen von Müdigkeit und Anspannung vor einer großen Präsentation ausradieren können, selbst wenn sie schon um drei Uhr morgens wegen ihres

Babys aufgestanden sind. Oder wenn es darum geht, in welchem Alter junge Mädchen anfangen sollten, ihre Augenbrauen in Form zu zupfen. Es kann auch über nicht verwandte Themen sprechen. Nur weil sein Hauptprodukt Make-up ist, heißt das nicht, dass das Unternehmen nicht auch über Online-Spiele oder Essen mitreden kann, denn möglicherweise begeistern Fans sich auch für diese Themen. Alles, was Ihnen hilft, Nachfrage bei den Verbrauchern aufzubauen, ist gleichbedeutend mit einer Führhand.

Wenn Sie eine gezielte Führhand mit eigens erstelltem Content landen, merkt der Verbraucher möglicherweise innerhalb eines Sekundenbruchteils, dass die Story, auf die er seine Aufmerksamkeit richtet, von einer Marke und nicht von einer Privatperson erzählt wird. Wenn Ihr Content gut ist, wird diese Erkenntnis ihn allerdings nicht stören. Stattdessen wird er das schätzen, was Sie zu bieten haben. Wenn Sie den Kunden anfüttern, verkaufen Sie nämlich nichts. Sie fordern den Verbraucher nicht zu einer Entscheidung auf. Sie teilen nur einen Moment miteinander. Etwas Lustiges, Lächerliches, Kluges, Dramatisches, Informatives oder Herzerwärmendes. Vielleicht etwas mit Katzen. Irgendetwas, alles außer einem Verkaufsgespräch. Geschicktes Storytelling mit eigens erstelltem Content wird viel eher dazu führen, dass jemand Ihren Content mit einer Freundin teilt, und somit erhöht sich auch die Wahrscheinlichkeit, dass diese Freundin nächstes Mal an Ihre Marke denkt, wenn sie eine Kaufentscheidung bezüglich Ihrer Produkte trifft. Es könnte sogar die Chance erhöhen, dass sie sich schließlich nach Ihrem rechten Haken beziehungsweise Ihrer Aufforderung, etwas von Ihnen zu kaufen, durchklickt, um auf der Stelle etwas in ihren Warenkorb zu legen – obwohl sie gerade beim Friseur unter der Trockenhaube sitzt (diesen Moment haben Sie der Tatsache zu verdanken, dass immer mehr Leute ein Smartphone haben).

Die emotionale Verbundenheit, die Sie durch den Einsatz der Führhand aufbauen, zahlt sich an dem Tag aus, an dem Sie sich entscheiden, einen rechten Haken zu landen. Erinnern Sie sich daran, wie Sie als Kind zu Ihrer Mutter gingen und sie darum baten, Sie zum Eissalon oder in die Videothek mitzunehmen? In den allermeisten Fällen sagte sie Nein. Aber hin und wieder sagte sie völlig unerwartet Ja. Warum? In den Tagen oder Wochen vor dem unerwarteten Ausflug zum Eissalon oder zur Videothek haben Sie so mit Ihrer Mutter interagiert, dass diese Lust bekam, Ihnen etwas Gutes zu tun. Sie haben sie glücklich oder vielleicht sogar stolz gemacht, indem Sie ihr etwas gaben, was sie schätzte. Vielleicht haben Sie sich an der Hausarbeit beteiligt oder gute Noten heimgebracht oder einfach einen Tag lang keinen Streit mit Ihrem Geschwisterchen angezettelt. Sie gaben so viel, dass Ihre Mutter emotional darauf vorbereitet war, Ja zu sagen, als Sie schließlich die Frage stellten.

Keinesfalls wird ein Verbraucher Ja sagen, wenn Sie ihn mit einem riesigen Pop-up überfallen, das die Mitte der Website verdeckt, die er gerade liest. Er wird einzig und allein Ärger empfinden, während er hektisch nach dem kleinen X in der Ecke sucht, mit dem er Sie loswird. Wenn die Verbraucher auch die ganze Bannerwerbung, die am Rand der Websites aufblinkt, blockieren könnten, würden sie das tun. Niemand will gestört werden, und niemand will, dass ihm etwas aufgezwungen wird. Ihre Story muss die Leute geistig anregen und ihr Wohlwollen gewinnen. Dann werden sie, wenn es schließlich um die Kaufentscheidung geht, das Gefühl haben, so viel von Ihnen bekommen zu haben, dass es fast unhöflich wäre, nicht zu kaufen.

Führhand, Führhand, Führhand ... rechter Haken!

Oder: Geben, geben, geben ... bitten!

Haben Sie es begriffen?

4. ER BEDIENT SICH DER POPKULTUR

Es gibt eine tolle Szene in dem Film *Immer Ärger mit 40*, in der Eltern ihren Töchtern sagen, dass sie den Internetzugang abschaffen, damit die Familie ohne Ablenkung durch elektronische Medien einen besseren Zusammenhalt findet. Zur Unterhaltung schlagen die Eltern vor, eine Burg zu bauen, in den Wäldern herumzulaufen oder einen Limonadenausschank aufzubauen. Die Mädchen haben keine Ahnung, worüber ihre Eltern reden; ohne ihre Handys könnte man sie ebenso gut in eine Isolationszelle stecken. Es folgen hysterische Ausbrüche.

Das ist kein Witz. Die Generationen werden durch ihre Popkultur definiert und ohne diese sind sie verloren. Nehmen Sie einem Jugendlichen seine technischen Geräte weg und Sie haben ihm damit praktisch alles weggenommen, was ihm wichtig ist. Früher trafen Jugendliche ihre Freunde an der Sodabar und hörten Schallplatten an. Dann hingen sie im Einkaufszentrum herum und hörten Kassetten an. Später hingen sie auf dem Supermarktparkplatz herum und hörten CDs an. Heutzutage hängen sie an ihren Handys, hören sich Musikdownloads an, lesen den neuesten Promiklatsch, chatten mit ihren Freunden und machen Spiele, sei es nun auf dem Smartphone oder dem Tablet. Und Ihr Content muss es mit all dem aufnehmen können. Aber wie heißt es so schön: Wenn du sie nicht schlagen kannst, verbünde dich mit ihnen! Die junge Generation ist auch nicht die einzige, die ihre Kultur über das Handy konsumiert. Das macht heute jeder, auch diejenigen, die ihre Musik früher auf Schallplatten, Kassetten und CDs angehört haben. Nutzen Sie dies also zu Ihrem Vorteil. Zeigen Sie Ihren Fans, wer immer diese auch sind, dass Sie dieselbe Musik lieben wie sie. Zeigen Sie den Jugendlichen, dass Sie sie verstehen, indem Sie den Überblick über den Promiklatsch behalten, der die Stars ihrer Generation betrifft. Schaffen Sie Content, der Ihr Verständnis für die Themen und Nachrichten zeigt, die ihnen wichtig sind. Aber platzieren Sie ihn nicht in eine mobile Bannerwerbung. Die Zeiten sind allmählich vorbei, wo man es sich erlauben konnte, die Leute beim Surfen zu unterbrechen und sie zu zwingen, eine Anzeige anzuschauen. Davon abgesehen ist Bannerwerbung überteuert und rentiert sich nicht wirklich. Integrieren Sie Ihren Content in den Newsstream, wo die Leute ihn zusammen mit all ihren anderen Popkulturerzeugnissen konsumieren können.

5. ER HAT EINEN MICRO-ASPEKT

Sie können bei der Neubewertung Ihres kreativen Schaffens für die sozialen Medien noch etwas tun: Betrachten Sie Ihren Content nicht mehr als Content. Betrachten Sie ihn eher als Micro-Content – winzige, einzigartige Häppchen von Informationen, Humor, Kommentaren oder Ideen, die Sie sich täglich oder sogar stündlich neu ausdenken, indem Sie auf die heutige Kultur, die Gespräche und aktuellen Ereignisse in Echtzeit in der plattformspezifischen Sprache und dem plattformspezifischen Format reagieren.

Ein (in Werbekreisen) bekanntes und perfektes Beispiel für Micro-Content stahl allen anderen beim Super Bowl 2013 die Show. Als im dritten Viertel im Superdome der Strom ausfiel und Tausende von Zuschauern eine halbe Stunde lang im Dunkeln saßen, während die Spieler der Baltimore Ravens und der San Francisco 49ers in die Hocke gingen und versuchten, ihre Muskeln locker zu halten und geistig beim Spiel zu bleiben, sah Oreo eine Chance. Das Unternehmen twitterte: „Stromausfall? Kein Problem." Angehängt war ein Foto eines einsamen Oreo-Keks, der im Dunkeln wartete, und dazu folgende Textzeile: „Sie können auch im Dunkeln einen Oreo-Keks essen." Plötzlich wurden all diese im Dunkeln gefangenen Leute, die auf das Wiedereinschalten des Stroms und den Neustart des Spiels warteten, auf lustige Weise daran erinnert, dass Oreo der Keks für alle Gelegenheiten ist. Der Tweet forderte niemanden auf, Oreos zu kaufen. Er enthielt eigentlich keinerlei Handlungsaufforderung. Das war gar nicht nötig. Innerhalb weniger Minuten wurde er mehrere Zehntausend Mal per Retweets über Twitter verbreitet und auf Facebook gelikt. Warum? So etwas hatte es bis dahin nicht gegeben. Es ist durchaus üblich, dass ein Ravens-Fan oder ein 49ers-Fan twittert oder Status-Updates postet, in denen er seine Reaktionen auf das Spiel dokumentiert; wir haben uns daran gewöhnt, dass Leute auf Echtzeit-Ereignisse auf der ganzen Welt reagieren. Aber dass eine Marke es ebenso beiläufig und natürlich macht wie eine echte Person? Das war ein Novum für eine solche Massenmarktmarke im Rahmen eines solchen Mainstream-Events. Der Tweet war nur möglich, weil Oreo vorausdenkend genug gewesen war, ein Social-Media-Team am Start zu haben, das auf alles reagieren konnte, was im Fernsehen geschah. Es geht um die richtige Investition in eine Plattform. Entscheidend für den Erfolg dieser Werbung war nicht nur die Tatsache, dass sie klug und elegant war, sondern auch, dass sie sowohl perfekt zur Markenidentität von Oreo als auch zur Identität der Oreo-Fans passte. Oreo ist der Keks mit dem spielerischen Markenimage, der Spaß-Keks, der Keks, mit dem man ein Football-Spiel ansehen will.

Hat der Micro-Content den Verbrauchern einen Mehrwert geboten, wie eine gute Werbeaktion es tun sollte? Wenn nicht, hätte er wohl kaum Beachtung gefunden. Unterschätzen Sie nicht den Wert einer lustigen Überraschung, eines Grinsens und einer plötzlichen Lust auf Schokolade und Backfett. Ein paar Tage lang hatte die ganze Welt, sowohl in den traditionellen als auch in den sozialen Medien, nur Gutes über Oreo zu sagen. Zumindest konnte jeder, der es gesehen hatte, sagen, dass er den Anfang einer neuen Ära im Marketing miterlebt hatte.

Wird die Twitter-Sphäre auch nächstes Mal, wenn eine Marke in Echtzeit reagiert, wieder vor Begeisterung ausflippen? Wohl kaum. Deshalb ist es gut, wenn man der Erste am Markt ist, selbst auf Plattformen, die auf den ersten Blick scheinbar keinen großen Mehrwert bieten. Ihre Aufgabe als Marketingexperte besteht nicht nur darin, mehr Produkte zu verkaufen (auch wenn das natürlich an erster Stelle steht, das sollten Sie nicht vergessen), sondern zunehmend auch darin, sicherzustellen, dass Sie möglichst oft der Erste am Markt sind im Hinblick auf das Timing, die Qualität Ihres Micro-Contents und die Originalität, mit der Sie auf Ihre Umwelt reagieren. Dies gilt für jede Plattform, mit der Sie arbeiten, von Twitter bis Facebook, von Instagram bis Pinterest.

Die Strategie von Oreo beim Super Bowl steht beispielhaft für das einzige Erfolgsrezept in den sozialen Medien, das unabhängig von der Plattform oder dem Publikum ist:

Micro-Content

+

Community-Management

=

Effektives Social-Media-Marketing

Einige Leute waren von dem Tweet nicht beeindruckt. Die Firma hat eine Plattform so genutzt, wie es sich gehört, na und? Aber es gelingt so wenigen Unternehmen, dass es durchaus einen Applaus wert ist, wenn eines es schafft. Um diesen Schritt zu tun, bedurfte es einer großen Voraussicht. Oreo musste ein Team am Start haben, das den Super Bowl ansah und während des Spiels auf die erste Gelegenheit zum Zuschlagen wartete. Vor ein paar Jahren gelang Old Spice etwas Ähnliches mit seiner „The Man Your Man Could Smell Like"-Kampagne, in welcher der Schauspieler Isaiah Mustafa in Echtzeit Verbraucherfragen im Internet beantwortete. Doch dieses Frage-Antwort-Spiel war das Ergebnis einer sorgfältig abgestimmten Kampagne. Oreo hatte einen Fernsehwerbespot, der während des Super Bowls lief (und Instagram integrierte), aber darüber hinaus keinen anderen Plan, als in Echtzeit auf Live-Ereignisse reagieren zu können. Das ist nicht einfach, und sie haben es perfekt gemacht, indem sie etwas Einfaches, Unmittelbares und Relevantes beisteuerten.

Unternehmen können eine direkte Verbindung zwischen ihrer Community und ihrer Marke schmieden, wenn sie die sozialen Medien nicht mehr als eine Art Kulisse für die wichtigen Events betrachten. Vielmehr sollten die sozialen Medien ein wichtiges Event an sich sein, indem sie als Verbindungsglied zwischen allen anderen Kanälen dienen, durch die Unternehmen mit ihren Kunden kommunizieren.

Marketingexperten müssen keineswegs jedes Jahr neue umfassende Social-Media-Kampagnen entwickeln. Halten Sie sich an folgende einfache Regeln:

Machen Sie die Leute neugierig, permanent, täglich.

Sprechen Sie über das, worüber die Leute sprechen.

Wenn die Leute anfangen, über etwas Neues zu sprechen, dann sprechen auch Sie darüber.

Wiederholen Sie Ihre Botschaft.

Wicderholen Sie Ihre Botschaft.

Wiederholen Sie Ihre Botschaft.

Nicht jede Marke muss sich mit derselben Häufigkeit Gehör verschaffen wie ihre Konkurrenten. Denken Sie daran, Qualität ist ebenso wichtig wie Quantität. Einige Marken können es sich leisten, ihre Botschaften nur hin und wieder zu platzieren, während andere permanent präsent sein müssen. Ich persönlich muss heute nicht mehr annähernd so viel Werbung machen wie am Anfang. Auch BP muss nicht mehr so viel Öffentlichkeitsarbeit betreiben wie nach der Deepwater-Horizon-Ölpest im Jahr 2010. Apple konnte auf dem Höhepunkt des iPhone-Wahns, als das Produkt noch neu war, wahrscheinlich die Füße stillhalten. Ein erfolgreiches Storytelling baut den Markenwert auf und Unternehmen mit einem hohen Markenwert müssen nicht so viel Aufmerksamkeit auf sich und ihre Leistungen ziehen wie diejenigen, die sich dem Kunden gegenüber erst etablieren müssen. Aber auch wenn Sie sich nicht regelmäßig mit Aktionen in Erinnerung bringen müssen, dürfen Sie es dennoch nicht völlig aufgeben. Und ganz sicher dürfen Sie nicht aufhören, nach speziellen Gelegenheiten zu suchen, wo Ihre Marke von Sondermeldungen oder der Kultur insgesamt profitieren kann, um ihre Relevanz zu beweisen oder ihre Präsenz zu zeigen. Social Marketing ist nun ein Job, der einen Einsatz rund um die Uhr und sieben Tage in der Woche erfordert.

6. ER IST KONSISTENT UND SELBSTBEWUSST

Denken Sie daran, dass jedes einzelne Posting, jeder Tweet und jeder Kommentar, jedes „Gefällt mir" oder „Teilen" die Identität Ihres Unternehmens bestätigt. Auch wenn der Micro-Content Ihres Unternehmens jeden Tag ein ganz anderer ist, muss er immer wieder die Frage „Wer sind wir?" beantworten. Sie sollten lernen, möglichst viele Sprachen zu sprechen, aber egal, welche Sprache Sie sprechen, der Kern Ihrer Story muss gleich bleiben. Und egal, wie Sie Ihre Story erzählen, Ihre Persönlichkeit und Markenidentität müssen ebenfalls konstant bleiben.

Wenn Sie selbstbewusst sind, kennen Sie Ihre Botschaft. Wenn Sie Ihre Botschaft kennen, ist es kein Problem, sie in jedem Umfeld konsistent zu halten. Kein Marketingexperte sollte darin eine allzu große Herausforderung sehen – wir tun es schließlich täglich, wenn wir uns in der analogen Welt bewegen. Sie tragen andere Kleidung, wenn Sie Ihre Großmutter zum Teetrinken besuchen, als wenn Sie es mit Ihren Freunden in einem Nachtklub krachen lassen. Zumindest tun Sie das, wenn Sie gute Manieren haben. Micro-Content zu schaffen ist einfach nur eine Methode, mit der Sie Ihre Marke an die Umstände und die Launen Ihres Publikums anpassen. Micro-Content bietet die beste Chance dafür, dass Ihre Marke in einer immer betriebsameren, zusammenhangloseren und zunehmend digital geprägten Welt beachtet wird.

Wenn Sie herausragenden plattformspezifischen Content schaffen, lösen Sie beim Nutzer Emotionen aus; wenn Ihr Content beim Nutzer Emotionen auslöst, dann wird dieser ihn wahrscheinlich mit anderen teilen und in größerem Rahmen Mundpropaganda für Sie machen – zu einem Bruchteil der Kosten der meisten anderen Medien. Das Beste daran ist, dass Ihnen nicht nur der Content gehört, sondern auch die Kundenbeziehung. Sie geben nicht eine Million Dollar aus, um diese für 30 Sekunden von einem Fernsehsender zu mieten. Sie könnten eine Million Dollar ausgeben, um treue Fans auf Facebook zu gewinnen, und das wäre gut angelegtes Geld, aber wenn Sie auch noch ein gutes Storytelling machen, sind die einzigen Zusatzkosten, die Sie haben, diejenigen für die nicht funktionierenden Ideen. Ihr Content lebt einfach weiter, reproduziert sich selbst immer wieder, wenn Ihre Fans und Follower ihn durch Mundpropaganda weitergeben. Gleichzeitig werden Ihre Kosten jedes Mal geringer, wenn jemand einen Retweet macht, etwas teilt oder pinnt, ein Herz macht oder etwas postet. Die Idee, Content und Beziehungen zu besitzen, anstatt sie zu mieten, hat bei einigen Start-up-Unternehmen im Silicon Valley enorme Zugkraft gewonnen. Bei den meisten Fortune-500-Unternehmen und den traditionellen kleinen Unternehmen in der ganzen Welt konnte diese Idee sich bisher nur langsam durchsetzen. Das wird sich jedoch ändern, sobald sie begreifen, dass sie nicht mehr an Medienunternehmen gebunden sind, um ihren Content zu verbreiten und sich mit ihren Kunden zu verbinden. Dank der sozialen Medien können sie alles selbst tun. Einige tun dies auch schon, wie wir in den folgenden Kapiteln sehen werden.

RUNDE 3:

MACHEN SIE STORYTELLING AUF FACEBOOK

- Start: Februar 2004
- Die Plattform hieß bis August 2005 Thefacebook.com.
- In einer Umfrage aus dem Jahr 2006 bezüglich der fünf beliebtesten Dinge bei Studenten lag Facebook gleichauf mit Bier, aber rangierte hinter dem iPod.
- Der „Like"-Button sollte ursprünglich „Awesome"-Button heißen.
- Mark Zuckerberg lehnte Foto-Sharing ursprünglich ab; der damalige Geschäftsführer Sean Parker musste ihn davon überzeugen, dass es eine gute Idee war.
- Mit Stand Dezember 2012 betrug die Zahl der aktiven Nutzer über eine Milliarde pro Monat.
- Mit Stand Dezember 2012 gab es pro Monat 680 Millionen aktive Nutzer von Facebook-Mobilprodukten.
- Jede fünfte Internetseite, die in den USA aufgerufen wird, ist eine Facebook-Seite.
- Ich wiederhole:
  JEDE FÜNFTE INTERNETSEITE, DIE IN DEN USA AUFGERUFEN WIRD, IST EINE FACEBOOK SEITE.

DER KAMPF UM KUNDEN

Was lässt sich sonst noch über Facebook sagen? Wir alle kennen es und wissen, wie es funktioniert. Wir alle wissen, dass es das größte und schlechteste soziale Netzwerk ist, das unsere Kultur ebenso tief greifend verändert hat wie das Fernsehen. Während die Inhaber von kleinen Unternehmen, Marketingexperten und Markenmanager immer noch skeptisch in Bezug auf die meisten anderen Social-Media-Plattformen sind, betrachten sie Facebook als legitimes Marketinginstrument. Seltsamerweise jedoch nicht deshalb, weil Facebook die raffiniertesten Analysemöglichkeiten bietet. Vielmehr vertrauen sie Facebook deshalb, weil man eine Plattform kaum als zu jung, zu experimentell oder zu trendy abtun kann, wenn die eigene Nichte, der eigene Bruder, der 72-jährige Vater und über eine Milliarde Leute sie nutzen.
Die Vertrautheit führt zu Akzeptanz. Nur die stursten Verweigerer – sie stammen vorwiegend aus dem B2B-Bereich oder sind einfach Nonkonformisten – fragen sich noch, ob ihr Kunde tatsächlich auf Facebook ist und ob es sich lohnt, dort präsent zu sein.

Es leuchtet ein, dass diese Plattform am wenigsten erklärungsbedürftig ist, da sie den meisten Leuten vertraut ist. Dennoch wurde dieses Kapitel das längste im Buch. Der Grund dafür ist, dass die meisten Marketingexperten irrtümlicherweise meinen, Facebook zu verstehen, während dies in Wahrheit offensichtlich nicht der Fall ist. Wäre es nämlich so, würden die Verbraucher einen ganz anderen Content erleben, nicht nur auf Facebook, sondern auf allen Plattformen. Bisher haben die meisten Marken und Unternehmen jedoch nicht begriffen, welchen neuartigen Einblick uns Facebook in das Leben und die Psychologie der Leute bietet. Einen Einblick, der es den Marketingexperten ermöglicht, jede Führhand, jedes Stück Micro-Content und jeden rechten Haken zu optimieren.

Überlegen Sie sich, warum die Leute zu Facebook gehen: um sich mit anderen zu verbinden, Kontakte zu knüpfen und sich darüber zu informieren, was die Leute, die sie kennen und vermutlich mögen, so machen. Dabei finden sie auch heraus, was ihre Freunde und Bekannten lesen und anhören, welche Kleidung sie tragen und was sie essen; wofür sie sich einsetzen; welche Ideen sie ausbrüten; hinter welchen Jobs sie her sind und wohin sie gehen. Facebook will, dass die Nutzer etwas sehen, was sie relevant, lustig und nützlich finden. Sie sollen nicht mit Content konfrontiert werden, den sie als störend oder sinnlos empfinden, damit sie die Nutzung der Seite nicht aufgeben. Das bedeutet, dass auch Sie besser einen Content schaffen sollten, der relevant, lustig und nützlich ist.

Nun ja, wenn das so einfach wäre, dann wäre dieses Kapitel deutlich kürzer. Stellen Sie bessere Kreative an, machen Sie besseren Content und es kann losgehen. Das Problem ist aber, dass es heutzutage aufgrund von drei Faktoren selbst für die talentiertesten Kreativen schwieriger ist als früher, auf organische Weise fantastischen Content auf Facebook zu liefern: die Massen, die Entwicklung der Massen und Facebooks Reaktion auf die Entwicklung der Massen.

Genau das, was dazu führt, dass die Marketingexperten eine Facebook-Präsenz haben wollen – die riesige Anzahl an Nutzern –, macht die Plattform zu einer Herausforderung für das Marketing. Eine Milliarde Nutzer und der ganze Content, den sie produzieren, bringen eine Schwierigkeit mit sich: Bei so vielen Content-Fragmenten, die in die Newsfeeds der Verbraucher strömen und miteinander um deren Aufmerksamkeit konkurrieren, ist es unwahrscheinlich, dass die Leute irgendeinen Content sehen, den Sie posten. Selbst der gute Content wird vermutlich untergehen.

Zudem sind die Nutzer menschlich. Sie werden älter und reifer. Sie werden erwachsen, beenden Beziehungen, haben Kinder, hören auf, Gitarre zu spielen, fangen an, den Fechtsport auszuüben, oder werden Vegetarier. Der Nutzer, der 2010 Ihr Fan war, wird 2014 nicht mehr derselbe Fan sein. Aber auch wenn er sich geändert hat, hat er wahrscheinlich nicht daran gedacht, seine veralteten Informationen über seine Interessen und Vorlieben auf Facebook zu entfernen. Wir werden immer mehr Leuten und Marken folgen, als wir müssen. Wir schauen uns eine bestimmte Fernsehshow vielleicht nicht mehr an und interessieren uns für einen bestimmten Schauspieler nicht mehr, aber wir bleiben trotzdem Follower auf deren Seiten, während wir schon wieder andere Interessen pflegen. Während diese nicht mehr aktuellen Interessen in unserem Bewusstsein verblassen, erwarten wir, dass sie auch von unseren Seiten und aus unseren Newsfeeds verschwinden.

Facebook weiß das. Vor langer Zeit, als Hochschulstudenten die Mehrheit der Facebook-Nutzer darstellten und der Nutzerpool relativ klein war, waren die Newsfeeds chronologisch geordnet. Als die Nutzerbasis wuchs – und immer weiter wuchs –, musste Facebook herausfinden, wie man es verhindern konnte, dass die Streams der Nutzer mit Postings verstopft wurden, für die sie sich nicht interessierten. Facebook wollte sich von Twitter unterscheiden, das ungefilterten Content von jeder Person, jeder Organisation, jeder Marke und jedem Unternehmen anbot, an denen die Nutzer jemals Interesse gezeigt hatten. Facebook wollte Ordnung in unseren Newsfeed bringen und sicherstellen, dass das meiste, was wir sahen, immer wichtig und relevant für uns war. Um die Konsequenzen einer Informationsüberflutung abzumildern, entschied Facebook sich schließlich für einen Algorithmus namens EdgeRank. Jede Interaktion, die jemand mit Facebook hat, angefangen beim Posting eines Status-Updates oder eines Fotos über das Anklicken des „Gefällt mir"-Buttons bis hin zum Teilen und Kommentieren, wird „Edge" genannt und theoretisch gelangt jeder „Edge" in den Newsstream. Aber nicht jeder, der diese „Edges" sehen könnte, sieht sie auch tatsächlich, denn EdgeRank liest dauernd aus dem algorithmischen Kaffeesatz, um festzustellen, welche „Edges" für die Mehrheit der Nutzer am interessantesten sind. EdgeRank verfolgt sowohl das Interesse, das der eigene Content eines Nutzers erfährt, als auch das Interesse, das ein Nutzer am Content anderer Leute oder Marken zeigt. Je mehr Interesse ein Nutzer an einem Content zeigt, umso mehr geht EdgeRank von der Annahme aus, dass er sich auch für ähnlichen Content interessiert. Entsprechend filtert EdgeRank den Newsstream dieser Person. (Dabei sorgt ein Zufallsgenerator dafür, dass wir gelegentlich ein Posting von jemandem sehen, mit dem wir seit Jahren nichts mehr zu tun hatten. Auf diese Weise bietet Facebook immer wieder etwas Neues und Überraschendes.) EdgeRank sorgt zum Beispiel dafür, dass ein Nutzer, der bei den Fotos eines Freundes oft „Gefällt mir" anklickt oder diese kommentiert, aber die rein aus Text bestehenden Status-Updates des Freundes nicht beachtet, mehr Fotos dieses Freundes und weniger Status-Updates von ihm sieht. Jede Interaktion, sei sie nun zwischen Freunden oder zwischen Nutzern und Marken, stärkt ihre Verbindung und erhöht die Wahrscheinlichkeit, dass EdgeRank passenden Content von diesen Freunden und Marken an den Anfang des Newsfeeds eines Nutzers stellt. Das ist natürlich genau die Stelle, wo Sie, der Marketingexperte beziehungsweise die Marketingexpertin, Ihre Marke oder Ihr Unternehmen sehen wollen.

Deshalb ist es heute wichtiger als jemals zuvor, Qualitäts-Content zu produzieren, mit dem die Leute tatsächlich interagieren wollen – die zukünftige Sichtbarkeit einer Marke auf der Plattform hängt von der aktuellen Interaktionsrate der Kunden ab (und bald wird dieser Trend sich auch auf alle anderen Plattformen ausbreiten). Leider ist die Art von Interaktion, die Marketingexperten vor allem sehen wollen – nämlich Käufe –, nicht diejenige, die der Facebook-Algorithmus misst. Daher hat diese Interaktion letztendlich auch keinen Einfluss auf die Sichtbarkeit. Marketingexperten geht es in erster Linie darum, dass die Nutzer auf ihre rechten Haken reagieren. Deshalb versuchen sie, so viele in den sozialen Medien zu landen. Was sie aber nicht begreifen, ist die Tatsache, dass es bei Facebook vor allem auf die Reaktion des Nutzers auf eine Führhand ankommt.

Der Grund ist folgender: Durch EdgeRank gewichtet Facebook „Gefällt mir"-Klicks, Kommentare und „Teilen"-Klicks, aber momentan erfolgt keine stärkere Gewichtung bei der Klickrate oder einer anderen Aktion, die zu einem Kauf führt. EdgeRank kümmert sich tatsächlich nicht darum, ob Sie jemals etwas verkaufen. Facebooks Hauptinteresse besteht darin, die Plattform wertvoll für den Verbraucher zu machen und nicht für Sie, den Marketingexperten. Das Einzige, was für Facebook zählt, ist die Frage, ob die Leute sich für den Content interessieren, den sie auf Facebook sehen. Wenn sie sich nämlich dafür interessieren, dann kommen sie zurück. Was beweist Interesse? Kommentare, „Gefällt mir"-, „Teilen"- und andere Klicks – keine Käufe. Sie könnten einen Content mit einem Link zu Ihrer Produktseite einstellen, der in einer halben Stunde einen Umsatz von zwei Millionen US-Dollar bringt. Facebook würde das verstärkte Interesse bemerken und der Algorithmus würde Sie an die Spitze der Newsfeeds Ihrer aktuellen Fans setzen. Klicks auf Links schaffen jedoch keine Storys. Wenn also niemand diesen Content teilt oder eine „Gefällt mir"-Angabe macht oder ihn kommentiert, wird der Content zwar Ihre aktuelle Community erreichen, aber Facebook wird ihn als nicht interessant genug einschätzen, um ihn einer großen Anzahl von Leuten außerhalb zu zeigen. Wenn Sie die Zahl Ihrer Besucher maximieren wollen, reicht es nicht, die Leute dazu zu bringen, dass sie Ihren Artikel lesen oder Ihr Produkt kaufen – Sie müssen sie zu einer Interaktion bringen, sodass Ihre Botschaft sich verbreitet. Auf Facebook definiert guter Content sich nicht dadurch, dass er die meisten Verkäufe generiert, sondern dadurch, dass die Leute ihn am meisten mit anderen teilen wollen.

Der Nachteil für Marketingexperten ist, dass es – wie bei allen Plattformen, die man nicht in einem kontrollierten Umfeld testen kann – schwierig ist, eine direkte Korrelation zwischen einer hohen Interaktionsrate und Verkäufen herzustellen. Es leuchtet jedoch ein, dass Sie nur dann etwas verkaufen können, wenn möglichst viele Verbraucher Ihren Content sehen (und wenn Kunden ihn sehen, sollte er so beschaffen sein, dass sie ihn gerne ansehen). Die Blicke der Verbraucher sind auf Facebook gerichtet. Wenn Sie diese Verbraucher nur erreichen können, indem Sie sie zur Interaktion animieren, dann ist es Ihre Aufgabe, nicht nur guten Content zu schaffen, sondern Content, der so großartig ist, dass die Leute Lust auf Interaktion bekommen. Um es mit den Begriffen des Boxsports auszudrücken: Sie müssen oft genug eine Führhand landen, um eine hohe Sichtbarkeit aufzubauen, damit an dem Tag, da Sie einen rechten Haken landen, dieser in einer maximalen Anzahl an Newsfeeds auftaucht. An dem Tag versuchen Sie nämlich, einen Verkauf abzuschließen, zum Beispiel mit einem Posting, das sich nicht unbedingt zum Teilen eignet, aber das die Leute mit einem Link zu Ihrem Produkt führt.

Facebook bemüht sich zwar sehr darum, zu erraten, was für seine Nutzer wichtig ist, aber es kann leider nicht ihre Absichten erkennen. Welche Aktion oder welcher „edge" verweist auf mehr Interesse – das Kommentieren oder das Anklicken des „Gefällt mir"-Buttons? Wenn jemand tatsächlich auf ein Bild klickt, zeigt er dann mehr Interesse, als wenn er es teilt? Ist ein Bild wertvoller als ein Video? Zeigt eine „Gefällt mir"-Angabe bei einem Video-Posting dasselbe Interesse, wie wenn man das ganze Video anschaut? Facebook weiß es nicht, wüsste es aber sehr gerne, also doktert es immer weiter an dem Algorithmus herum, um dem Geheimnis auf die Spur zu kommen. Aus diesem Grund kann es gut sein, dass heute zwar noch der Großteil Ihres Contents gesehen wird, Sie sich aber nicht darauf verlassen können, dass dies auch morgen noch der Fall sein wird. Möglicherweise wurde Ihre Marke gerade noch ganz oben auf der Seite eines Nutzers angezeigt und eine Minute später könnte sie schon sechs Seiten nach unten gerutscht sein. Facebook könnte zum Beispiel entscheiden, dass das Teilen eine viel stärkere Handlungsaufforderung und eine größere Markenunterstützung darstellt als eine „Gefällt mir"-Angabe, und daher ein Teilen stärker gewichten als ein „Gefällt mir". Wenn Ihr Content zufällig oft geteilt wird, haben Sie Glück gehabt. Doch dann könnte Facebook es sich anders überlegen und entscheiden, dass „Gefällt mir"-Angaben mindestens genauso wertvoll sind wie das Teilen von Content. Ihr Content bekommt aber normalerweise nicht so viele „Gefällt mir"-Klicks. Was nun?

Die Geschwindigkeit, mit der Sie auf diese Veränderungen reagieren und entsprechenden Content schaffen müssen, kann selbst den erfahrensten Marketingexperten ins Schleudern bringen. Wie sollen Sie durch die Reifen springen, um Ihre Kunden zu erreichen, wenn Facebook die Reifen immer wieder anders positioniert?

Indem Sie wachsam bleiben. Indem Sie akzeptieren, dass Sie Ihren Content täglich, wenn nicht sogar öfter, neu erfinden müssen. Und indem Sie Ihre Community so gut wie Ihre eigene Familie kennenlernen. Wie geht das? Sie erzählen den Leuten Storys, die sie gerne hören. Sie teilen sich offen und großzügig mit. Sie füttern die Leute immer wieder an. Führhand. Führhand. Führhand.

FÜHRHÄNDE IN AKTION

Entscheidend für ein gutes Marketing ist das Bewusstsein, dass sich bei Ihnen zwar alles um Ihre Marke dreht, bei Ihrem Kunden aber nicht. Wie bei jedem ersten Date müssen Sie sich bemühen, mehr darüber zu erfahren, wofür die andere Person sich interessiert, und das Gespräch in diese Richtung lenken. Nur dann haben Sie die Chance auf ein zweites Date. Letztendlich unterscheiden sich das Boxen und das Dating nicht allzu sehr. Bei beidem geht es darum, gut abzuschneiden. Manchmal wird dies in Punkten gemessen und manchmal in einem Heiratsantrag (oder etwas anderem), aber in beiden Fällen werden Sie nicht gewinnen, wenn Sie gleich am Anfang zu aggressiv an die Sache herangehen.

Nehmen wir mal an, Ihr Unternehmen verkauft Stiefel. Da wäre es sehr sinnvoll, dass Sie über das Wetter reden. Es wäre auch sehr sinnvoll, über das Felsklettern zu sprechen. Man könnte sogar über das Jagen reden oder darüber, dass die Stiefel die Füße der Leute bei wilden Konzerten schützen. All diese Themen haben einen direkten Bezug zu Stiefeln oder lassen sich zumindest leicht damit assoziieren. Für Ihre erste Führhand stellen Sie also das folgende Status-Update ein:

„Mach's gut *30 Rock**! Danke für sieben urkomische Jahre!"

Wenn die Vertriebsleiterin dieses Stiefelherstellers so viel Ahnung von sozialen Medien hat wie der Durchschnittsunternehmer, wird sie, sobald sie dieses erste Status-Update sieht, auf Sie zustürmen und Sie mit Fragen bombardieren. Was hat *30 Rock* mit unserer Stiefelfirma zu tun? Wieso schreiben Sie etwas, was gar nichts mit der Marke zu tun hat? Warum machen wir das? Inwiefern hilft uns das, mehr Stiefel zu verkaufen? Und Ihre Antwort wird lauten: Gar nicht. Noch nicht.

Während die Vertriebsleiterin im besten Fall mit einem neugierigen und im schlimmsten Fall mit einem wütenden Gesichtsausdruck dasteht, werden Sie ruhig auf das Web-Controlling (namens Page Insights) verweisen. Daraus wird hervorgehen, dass dieses bestimmte Posting erwartungsgemäß eine höhere Interaktionsrate hat als die traditionelleren Postings, die sich auf das Thema Stiefel konzentrieren. Warum ist das so? Weil Sie durch frühere Aktionen, bei denen Sie Fragen wie „Was ist Ihre Lieblingsfernsehsendung?" stellten, bereits die Erkenntnis gewonnen hatten, dass 80 Prozent Ihrer Fans sich für *30 Rock* begeistern. Und sie wussten, dass die letzte Folge der Serie bevorstand. Indem Sie

---

*) US-amerikanische Sitcom, die von 2006 bis 2013 ausgestrahlt wurde (Anm. d. Übers.).

also einen sich darauf beziehenden Content kreieren, stellen Sie Kontakt mit Ihrer Community her und zeigen den Leuten, dass Sie sie nicht nur verstehen, sondern zu ihnen gehören. Plötzlich spricht Ihre Marke wie ein Mensch, nicht wie ein Stiefelhersteller. Und wie das Overindexing (das heißt, dass ein Posting für diese Marke eine überdurchschnittliche Performance aufweist) zeigt, gefällt das den Leuten. Sie reagieren. Das ist gut für Sie, weil jede leichte Zunahme der Interaktion Facebook sagt, dass die Marke den Leuten etwas bedeutet. Wenn Sie also Ihren nächsten Content einstellen, ein 15 Sekunden dauerndes, von Nutzern erstelltes Video mit Leuten, die stolz ihre Stiefel vorzeigen, sorgt Facebook dafür, dass Ihre Kunden es in ihrem Newsfeed sehen. Auch dieser Content führt zu keinem Verkauf. Ebenso wenig der nächste: eine Valentinskarte, auf der kein einziger Stiefel zu sehen ist. Dann stellen Sie drei oder vier weitere Contents ein, die auch nichts verkaufen, wie die folgenden:

Vierte Führhand: Posting – ein 15 Sekunden dauerndes Video über Felsklettern.

Fünfte Führhand: Umfrage – „Tragen Sie Ihre Stiefel lieber im Sommer oder im Winter?"

Es geht darum, den Leuten immer wieder etwas anzubieten. Dabei verfolgen Sie ausschließlich das Ziel, Ihre Kunden zu unterhalten und ihnen das Gefühl zu vermitteln, dass Sie sie verstehen. Und je mehr Sie anbieten, umso mehr werden Sie die Leute für sich gewinnen. Früher musste jeder Content ein rechter Haken sein, denn wir wussten über die Kunden, die Stiefel kauften, ausschließlich, dass sie schützendes Schuhwerk brauchten. Wenn wir aber auf kluge Weise agieren, kann Facebook uns dabei unterstützen, ein genaues und detailliertes Wissen über die Leute zu erlangen, die unsere Produkte kaufen. Indem wir Dinge testen, geschickt Botschaften platzieren und Kunden anfüttern, lernen wir, was die Leute unterhaltsam finden. Unterhaltender Content führt zu Interaktion. Content, der zu Interaktion führt, sagt Facebook und dem Rest der Welt, dass Ihre Marke den Kunden wichtig ist. Wenn Sie also letztendlich einen Content einstellen, der sich direkt positiv auf Ihre Bilanz auswirkt – einen Gutschein, ein Angebot für versandkostenfreie Lieferung oder irgendeine andere Handlungsaufforderung –, dann sehen dies vier Prozent Ihrer Community anstatt ein halbes Prozent, und damit haben Sie eine viel bessere Chance, einen Verkauf abzuschließen.

SETZEN SIE IHRE FÜHRHÄNDE UND IHRE RECHTEN HAKEN GEZIELT EIN

Manchmal wollen Sie aber nicht, dass jeder dieselben Informationen sieht. Auf allen anderen Plattformen, wo Ihre Postings total öffentlich sind, wird jede Ihrer Aktionen automatisch allen Nutzern um die Ohren gehauen. Auf Facebook können Sie jedoch äußerst selektiv vorgehen, indem Sie Ihre Aktionen individuell anpassen und auf bestimmte Untergruppen Ihrer Fangemeinde ausrichten.

Wollen Sie an Silvester ein Posting für die Zielgruppe der 32- bis 45-jährigen verheirateten Frauen mit Hochschulabschluss schreiben, die Französisch sprechen und in Kalifornien leben? Wenn Sie wissen, wie man Facebook richtig nutzt, dann können Sie das (und ich denke mal, der größte Spirituosenmarkt in Kalifornien würde es auch tun).

Die zielgruppenspezifische Ausrichtung Ihrer Postings ist eine Strategie, die Sie nicht außer Acht lassen dürfen, wenn Sie die Führhand einsetzen. Und es ist eine strikte Notwendigkeit, wenn Sie einen rechten Haken landen wollen. Nehmen wir mal an, Sie sind ein Modeeinzelhändler und heute ist Black Friday, der Freitag nach Thanksgiving, an dem die Leute zum Shoppen gehen. Sie haben einen Content erstellt, der für eine Ihrer beliebtesten Handtaschen wirbt. Sie wissen, dass es sich bei den Käuferinnen dieser Handtaschen im Allgemeinen um 25-jährige Frauen handelt. Bringt es etwas, diesen Content über eine Handtasche an Ihre 55-jährigen männlichen Kunden zu schicken, die vor allem wegen Gürteln zu Ihnen kommen? Natürlich nicht. Wenn Sie also die Ankündigung über den Black Friday Sale mit dem Bild der Handtasche posten, schicken Sie diese nur an die Fans Ihrer Seite, bei denen es sich um 25-jährige bis 35-jährige Frauen handelt. Indem Sie direkt die richtige Bevölkerungsgruppe ansprechen, haben Sie die Wahrscheinlichkeit vergrößert, dass die Leute mit diesem Content interagieren werden. Damit halten Sie Ihre EdgeRank-Position oben, anstatt Facebook den Eindruck zu vermitteln, dass die Leute sich nicht mehr für Ihre Marke interessieren, indem Sie Ihren Content an Männer posten, die auf ein Posting über eine Handtasche nie mit einem Klick oder einer Interaktion reagieren werden.

Sie könnten Ihr Posting natürlich auch an Ihre 55-jährigen männlichen Kunden schicken, wenn Sie den Content so ändern, dass diese sich von ihm angesprochen fühlen. Er könnte vielleicht lauten: „Hallo Dad, es ist nie zu spät, sie daran zu erinnern, dass sie immer noch Ihr Liebling ist. Unser Black Friday Sale beginnt heute Abend um 18:00 Uhr." Sie gehen noch weiter und gestalten den Content grafisch so, dass er Verbrauchern in Texas in der Form von Texas und Verbrauchern in New Jersey in der Form von New Jersey gezeigt wird. Und so weiter und so fort bei jedem Staat, dessen Einwohner einen besonders starken Hang zum Regionalpatriotismus haben. Um erfolgreich zu sein, muss jede Führhand und jeder rechte Haken den Verbraucher ansprechen und sein Gefühlszentrum treffen.

KLUGES INVESTIEREN

Es lohnt sich, etwas Abstand zu gewinnen und die Kosteneffektivität dieses Szenarios zu untersuchen. Mit sehr kurzer Vorlaufzeit kann ein Einzelhändler zwei unterschiedliche Contents erstellen, sie direkt an zwei unterschiedliche Zielgruppen schicken und in Echtzeit verfolgen, wie die Empfänger reagieren. Wenn die aufgeregten Kommentare sich häufen oder der Content geteilt wird, weiß dieser Einzelhändler, dass der rechte Haken getroffen hat. Die Kunden interagieren und erhöhen so den EdgeRank des Einzelhändlers. Dies wiederum zeigt Facebook, dass seine Nutzer den Einzelhändler schätzen. Facebook sorgt dafür, dass der Content im Newsfeed von mehr Leuten angezeigt wird, sodass der Einzelhändler seinen Content einem wachsenden Publikum zeigen kann, ohne mehr dafür bezahlen zu müssen.

Um das Gleiche im Fernsehen zu erreichen, könnte ein Einzelhändler zwei verschiedene Werbespots produzieren, die unterschiedliche Zielgruppen ansprechen. Beispielsweise könnte er einen Werbespot produzieren, der sich an das Mainstream-Publikum wendet und zur besten Sendezeit auf CNN läuft, sowie einen anderen Werbespot, der sich an eine multikulturelle Zielgruppe wendet und auf den UPN-Kanälen während der Regionalnachrichten um 22:00 Uhr läuft. Das kreative Entwicklerteam würde die Werbespots einige Wochen vor ihrer Ausstrahlung produzieren müssen. Normalerweise würde der Werbespot oft genug laufen müssen, damit die gewünschte Zielgruppe des Einzelhändlers ihn drei Mal gesehen hat. Das heißt, er würde zwei Wochen lang ausgestrahlt werden müssen. Um sein Publikum zu erreichen, müsste der Einzelhändler zwischen 7.000 und 13.000 US-Dollar investieren. Wenn die Spots dann gelaufen sind, kann der Einzelhändler sich hinsetzen und sich selbst die Daumen drücken, dass die Leute den Spot tatsächlich angeschaut haben, obwohl sie bloß vergessen hatten, den Fernseher auszuschalten, während sie einen Film auf ihrem zweiten Bildschirm streamten. Und wenn der Einzelhändler mehr Content ausstrahlen will, muss er wieder zahlen.

Welches Szenario erscheint Ihnen zeit- und kosteneffizienter?

Nun ja, es spricht nichts dagegen, Geld auszugeben, wenn Sie es klug investieren. Wahrscheinlich kaufen Sie schon die ganze Zeit die Facebook-Ads, die in der rechten Spalte der Website eingeblendet werden. Diese Anzeigen waren bis jetzt eine der effektivsten Investionen für jede Marke und jedes Unternehmen, unabhängig von der Größe. Die durchschnittlichen Kosten einer Werbeanzeige auf der rechten Spalte der Website auf Facebook liegen zwischen 0,50 US-Dollar und 1,50 US-Dollar pro neuem Fan, der eine „Gefällt mir"-Angabe macht. Abhängig von der Genauigkeit Ihrer Zielgruppenbestimmung, der Länge Ihrer Kampagne und Ihrem Werbebudget können die Kosten pro neuem Fan mit 0,10 US-Dollar sehr niedrig oder mit mehreren US-Dollar sehr hoch sein. Das ist immer noch ein Schnäppchen, selbst wenn Sie es mit den Kosten von E-Mail-Akquise vergleichen, die unter Umständen nur 0,49 US-Dollar betragen können. Wie kann ein Dollar, den man ausgibt, um einen Facebook-Fan zu gewinnen, mehr wert sein als 0,49 US-Dollar, die man anderswo investiert? Weil ein Nutzer von sozialen Medien auf Ihrer Facebook-Seite eine höhere potenzielle Reichweite hat als irgendwo anders.

Diesbezüglich weiß ich Bescheid. 1998 nutzte ich sowohl E-Mail-Marketing als auch Suchmaschinenmarketing (SEM) und Pay-per-Click-Anzeigen, um WineLibrary.com aufzubauen. Die Leute mochten mein Produkt und mein Unternehmen. Sie abonnierten gern meinen Newsletter und kauften gern bei mir. Mein damaliges Geschäftsmodell unterschied sich nicht von dem der erfolgreichen E-Mail-Marketing-Unternehmen des letzten halben Jahrzehnts wie Fab.com, Groupon oder Gilt. Der Unterschied liegt darin, dass deren Fans sich nicht so an deren E-Mails gebunden fühlen, wie das bei meinen Fans 1998 der Fall war. Wenn meine Fans mit Freunden sprechen oder Informationen mit ihnen teilen wollten, mussten sie ihnen eine E-Mail schreiben. Heutzutage ist das nicht mehr nötig. Die E-Mail-Marketing-Experten von heute müssen also riesige Belohnungen für das Teilen von Informationen anbieten, wie zum Beispiel einen Rabatt von zehn US-Dollar für eine Erstbestellung, wenn der Kunde fünf neue Abonnenten für die Website gewinnt. Ohne einen solchen Anreiz werden die Leute keinen Content weiterverbreiten oder Freunde per E-Mail dazu einladen, ebenfalls Mitglied auf Ihrer Seite zu werden – es wirkt zu sehr, als würde man Spam verbreiten. Die sozialen Medien sind jedoch für das Teilen gemacht. Daher sind diese zielgruppenspezifischen Facebook-Ads, auch wenn sie 0,50 bis 1,50 US-Dollar pro Fan kosten, tatsächlich viel mehr wert. Denn diese Fans werden viel eher geneigt sein, Ihren Content kostenlos zu teilen, und möglicherweise werden sie es sogar mehr als nur ein Mal tun – wenn Sie mit passendem Content und Service ihre Bedürfnisse befriedigen.

WIE DAS KLUGE INVESTIEREN SICH ÄNDERT

Leider sind die Facebook-Ads in ihrer aktuellen Form hoffnungslos veraltet, und die Zeiten, in denen man billig neue Fans gewinnen konnte, sind allmählich vorbei. Da Facebook immer stärker mobil genutzt wird und immer mehr Leute ihre Laptops aufgeben, werden die Anzeigen in der rechten Spalte des Facebook-Bildschirms obsolet. Sie könnten zwar hoffen, dass die Verbraucher direkt auf Ihre Facebook-Fanpage zugreifen, um dort Ihren Content zu lesen, aber mal ehrlich, gehen Sie, wenn Sie nicht gerade Research betreiben, nur zum Spaß auf so viele Fanpages? Wahrscheinlich nicht. Und wir alle werden es jetzt noch weniger tun, da wir mehr Zeit auf Facebooks Mobile App verbringen als auf der Website selbst.

Auf einem Mobilgerät gibt es keinen Ersatz für die Möglichkeiten, die ein Desktop bietet – es ist nicht genug Platz dafür. Das bedeutet, dass bis zur nächsten großen technologischen Revolution, wie Google-Brillen oder tätowierte Displays in unseren Handflächen, all unsere Facebook-Storys, unser Content und unser Marketing für die mobile Nutzung entwickelt werden müssen. Aus diesem Grund hat der Facebook-Chef Mark Zuckerberg im Januar 2013 angekündigt, dass Facebook nun als Mobilunternehmen betrachtet werden soll.[*] Und nur sechs Monate später berichtete Facebook, dass 41 Prozent seiner Werbeeinnahmen aus dem Mobilsektor stammten, was 1,6 Milliarden US-Dollar im zweiten Quartal 2013 entsprach.

Wenn Marketingexperten jedoch auf die Smartphone-Displays beschränkt sind, wohin sollen sie dann mit ihren Anzeigen? Einige Marken haben die Frage so beantwortet: direkt auf die Seite, die der Verbraucher zu lesen versucht. Das ist Ihnen sicher auch schon passiert – Sie rufen Ihre Lieblingsseite auf, um die News zu checken, und anstatt dass Sie Ihren Content sehen, legt sich ein großes, aufdringliches Pop-up-Fenster über den Bildschirm, das Werbung für Elektronik oder Software oder etwas anderes macht, was Sie nicht interessiert. Warum meinen Marketingexperten, dass dies eine gute Methode

---

[*] Es ist eine Herausforderung und eine Chance, wenn man ein Buch schreibt, während aktuelle Ereignisse zum Thema stattfinden. Ich möchte festhalten, dass diese Rede genau zwei Tage vorher gehalten wurde, bevor ich diese Seite schrieb.

wäre, um die Leute als Kunden zu gewinnen? Es verärgert die Leute bloß und löst negative Gefühle gegenüber Ihrer Marke aus. Es ist das Gegenteil einer gelungenen Werbemaßnahme. Nicht jeder Seitenaufruf hinterlässt einen guten Eindruck. Qualität, Relevanz, gutes Timing – diese Aspekte sind viel wichtiger, als viele Marketingexperten denken. Noch einmal, wir dürfen nicht außer Acht lassen, warum die Leute sich von Facebook oder eigentlich jeder Seite angezogen fühlen. Sicher nicht, weil sie Anzeigen sehen wollen.

Was soll ein Marketingexperte also tun? Wir müssen neu überdenken, wie eine Anzeige aussehen und was sie leisten sollte. Wir müssen eigens erstellten Content liefern. Wir müssen Mehrwert bieten. Ab jetzt wird es keinen Unterschied mehr zwischen Ihrem Content und Ihren Anzeigen auf Facebook geben. Ihr Content oder vielmehr Ihr Micro-Content muss die Anzeige *sein*. Zum Glück hat Facebook ein Instrument perfektioniert, das es Ihnen ermöglicht, Ihre Anzeigen aus Ihrem Content zu generieren, der von Ihren Fans bereits für gut befunden wurde. Das wird Ihnen nicht nur dabei helfen, die Reichweite Ihres Contents zu verbessern, sondern Sie tatsächlich auch davor bewahren, Content einzustellen, der für Sie und Ihren Kunden einfach nur eine Zeitverschwendung darstellt. Man nennt das eine Sponsored Story. Und im Gegensatz zu einem Fernsehwerbespot oder einer Zeitschriftenanzeige ist diese Investition jeden Cent wert.

SPONSORED STORYS*

Sponsored Storys wurden bereits Anfang 2011 eingeführt, aber erst im Herbst 2012 hatten sie ihren Durchbruch. Vor allem deshalb, weil Facebook eine Algorithmus-Anpassung ankündigte, die die Anzahl der Leute, welche die Postings einer Marke sehen, bewusst beschränken würde, auch wenn die Leute bereits Fans geworden waren, indem sie die Facebook-Seite der Marke mit einer „Gefällt mir"-Angabe versehen hatten. Auch wenn der Algorithmus so justiert war, dass Spam oder uninteressanter Content beschränkt wurde, konnte guter Content bis zum September 2013 immer noch einen großen Teil der Fans organisch erreichen. Seither ermöglicht der Algorithmus von Facebook es Ihrem Content aber nur noch, etwa drei bis fünf Prozent Ihrer Fans zu erreichen. Um mehr zu erreichen, müssen Sie extrem fesselnden Content posten. Oder Sie müssen zahlen. Auf diese Weise ist Facebook in der Lage, den Nutzer vor zu viel Werbung zu schützen: indem die Eintrittsbarriere in den Newsfeed erhöht wird.

Ein Großteil der Marketing-Community sah dies aber anders. Die Leute waren wütend. Wie konnte Facebook sie dazu zwingen, mehr zu bezahlen, um von seinen Milliarden Nutzern zu profitieren? Wie illoyal. Wie hinterhältig. Wie kapitalistisch.

Hat jemand allen Ernstes gedacht, dass Facebook nicht einen Weg suchen würde,

---

*) Sponsored Storys wurden von Facebook zum 09. April 2014 als Reaktion auf eine Sammelklage von Nutzern abgeschafft. Es ist aber trotzdem weiterhin möglich, sogenannten „Social Context", das heißt, Aktionen von Nutzern mit Nutzerbild als Werbung zu buchen (Anm. d. Übers.).

um mehr Geld zu verdienen? Abgesehen davon, was hätte Facebook denn sonst tun sollen angesichts der Tatsache, dass die gewinnbringende rechte Spalte der Seite, wo die Anzeigen Platz hatten, mit rasender Geschwindigkeit obsolet wurde, da die Leute ihre PC-Bildschirme zugunsten von Mobilgeräten aufgaben? Ich habe die Wut der Leute nicht verstanden. Marketingexperten und Geschäftsinhaber, die anstandslos Hunderttausende Dollar an einen Fernsehsender bezahlen würden, um ihren Werbespot ins Fernsehen zu kriegen, auch wenn sie nie erfahren werden, ob dieser Spot jemanden interessiert hat, bekamen beinahe einen Herzinfarkt, weil sie für eine entsprechende Verbreitung ihrer Werbung zahlen mussten. Anders als beim Fernsehen vergrößert sich bei Facebook die Reichweite Ihres Contents nur dann, wenn Sie Content einstellen, den die Leute tatsächlich sehen wollen und von dem sie annehmen, dass auch andere ihn interessant finden. Je mehr Leute mit Ihrem Content interagieren, umso mehr können Sie die Verstärkung durch Mundpropaganda weiter verstärken, die erfolgt, wenn ihre Aktionen mit anderen Leuten geteilt werden. Schaffen Sie tollen Content, der die Leute zum Interagieren bringt, und Facebook wird diesen Content immer mehr Leuten zeigen. Wenn Sie aber Content erstellen, der niemanden interessiert, wird Facebook es Ihnen möglichst schwer machen, mehr davon auf seine Website zu bringen.

Sponsored Storys sind eine hervorragende Werbeplattform, weil sie Gewandtheit und schnelles Reaktionsvermögen belohnen. Wenn sie uns zeigen, dass ein Content gut ankommt, wissen wir, dass wir Geld in ihn investieren können. Es ist so einfach. Ich könnte heulen, wenn ich daran denke, was ich mit einem solchen Service damals, als ich noch E-Mail-Marketing machte, hätte erreichen können. Sicher hätte ich viel mehr Wein verkauft! Nehmen wir mal an, dass durchschnittlich etwa 20 Prozent der Leute, die damals meine E-Mails bekommen haben, sie auch tatsächlich geöffnet haben. Und dann hätte ich eines Tages eine E-Mail mit einer Öffnungsrate von 21 Prozent verschickt. Dann hätte ich gesehen, dass der in dieser E-Mail erwähnte Wein sich plötzlich extrem gut verkaufte. Offensichtlich hatte etwas in dieser E-Mail ihn meinem Kunden besonders wertvoll erscheinen lassen. Wie viel wäre dieses Wissen wert gewesen? Ich hätte Yahoo, Gmail und Hotmail gern eine Prämie bezahlt, um sicherzustellen, dass beim nächsten Versand dieser E-Mail diese von möglichst vielen Leuten gesehen wurde, ob dies nun durch das Umgehen von Spamfiltern oder durch ein automatisches Öffnen der Mail beim Einloggen in den E-Mail-Account erfolgt wäre. Ein solcher Service wäre das tollste Marketinginstrument der Welt gewesen – verdammt noch mal, hörst du zu, Google? – und es entspricht in etwa dem, was Sie durch Sponsored Storys bei Facebook erreichen können.

Facebook erklärt Sponsored Storys leider ganz schlecht, also will ich es hier versuchen.

Es gibt zwei Arten. Eine sorgt dafür, dass Ihr ausgewählter Content einfach auf den Newsstreams einer größeren Anzahl von Fans angezeigt wird als den regulären drei bis fünf Prozent, die ihn normalerweise sehen. Das nennt man ein Page Post. Die andere vergrößert Ihre Reichweite auf dieselbe Weise, ermöglicht es Ihnen aber, die Tatsache hervorzuheben, dass ein Fan mit Ihrem Content interagiert hat, und dies den Freunden des Fans mitzuteilen. Sie können diese Art von Sponsored Story wahlweise um einen Check-in, eine „Gefällt mir"-Angabe und verschiedene andere Aktionen herum erstellen, zum Beispiel wenn jemand eine Story von Ihrer App oder Ihrer Website teilt. Wenn zum Beispiel ein Fan in ein Hotel eingecheckt hat oder ein Angebot von einem T-Shirt-Hersteller angefordert hat, könnten das Hotel oder der T-Shirt-Hersteller dafür bezahlen, dass Freunde dieses Fans davon erfahren – nicht durch eine Anzeige, die am Rand der Facebook-Seite angezeigt und nur von PC-Nutzern gesehen wird, sondern durch eine Anzeige im aktuellen Newsfeed. Das ist der große Durchbruch für Marketingexperten. Wenn wir früher eine Anzeige um ein Posting herum kreierten, änderte sich das Format des Postings, sobald die Anzeige in die rechte Spalte der Seite kam. Diese Änderung schmä-

lerte die Wirkung der kreativen Arbeit, da sie nicht mehr wie ein organischer Content-Bestandteil aussah, den ein Facebook-Kontakt erstellt hatte, sondern wie die Anzeige eines Fremden. Nun können die Marketingexperten jedoch den kreativen Aspekt des Contents bewahren, der, wie wir bereits wissen, organisch funktioniert, und seine Wirkung verstärken, indem sie einfach für mehr Einblendungen zahlen. Damit eröffnet sich uns eine noch nie da gewesene Möglichkeit, uns mit aktiven Fans zu verbinden sowie Beziehungen mit Fans neu zu beleben, die im Lauf der Zeit vielleicht eingeschlafen sind.

Sponsored Storys funktionieren so: Wenn ich eine Story sponsere, sehen mehr Leute, als normalerweise meiner Seite folgen, sie in ihrem Newsfeed. Nun erinnern sie sich an mich. Wenn der Content tatsächlich gut genug ist, um sie zum Interagieren zu bringen – durch eine „Gefällt mir"-Angabe, ein Teilen oder einen Kommentar –, dann kommen sie

zurück in meinen Dunstkreis, und Facebook glaubt wieder an meine Relevanz: „Die Facebook-Nutzer mögen GaryVee, also kriegen sie mehr GaryVee." Das nächste Mal, wenn ich einen neuen Content poste, werden ihn wahrscheinlich noch viel mehr Leute sehen. Dennoch werde ich für diese Seitenaufrufe nichts extra bezahlen müssen. Und wenn die Interaktion so weitergeht, werden meine Startkosten weiter abnehmen, während meine Seitenaufrufe zunehmen. Ich könnte einen Schneeballeffekt lostreten, der weit bis in den nächsten Monat reichen könnte, und das alles für den Preis einer kleinen Sponsored Story.

Es ist wichtig, dass Sie Folgendes begreifen: Bei einer Sponsored Story kaufen Sie keine extra Daten. Was Sie bekommen, ist eine größere Reichweite und eine zusätzliche Zielgruppenadressierung, die über jene eines gewöhnlichen Postings hinausreicht, und beides ist kostenlos. Investieren Sie in ein gut funktionierendes zielgruppenspezifisches Posting und machen Sie eine Sponsored Story daraus. Damit werden Sie Ihre Zielgruppenausrichtung weiter verstärken. Sie könnten ein Posting an Frauen adressieren, aber Ihre Sponsored Story kann sich an Frauen richten, die sich für Kunst und Handwerk interessieren, und an Frauen, die Countrymusik mögen. Wenn Sie feststellen, dass Sie eine große Anzahl von Nutzern in Ihrer Fangemeinde haben, die Dubstep mögen, könnten Sie in Ihrem Content Bezug auf Skrillex nehmen und ihn an eben jene Nutzer schicken. Wenn Sie einen Content mit einem Hip-Hop-Thema haben, können Sie prüfen, welche Ihrer Fans treue Hörer von A$AP Rocky und anderen Hip-Hop-Musikern sind, und Ihren Content nur an sie senden. Wenn Sie diese Details kennen und sie verwenden, um maßgeschneiderten Content zu erstellen, der den Geschmack Ihrer Fans trifft, können Sie damit durchschlagende rechte Haken landen.

EINE LOHNENDE INVESTITION

Die Sponsored Story ist eine der größten Werbechancen aller Zeiten, denn Sie geben damit nicht mehr Geld aus, als Ihr Content wert ist. Facebook kalkuliert den Anfangswert Ihrer Sponsored Story basierend auf der Konkurrenz, die für Ihre Zielgruppe besteht, und darauf, wie viel diese Konkurrenz zu zahlen bereit ist. Davon ausgehend machen Sie eine Angabe, wie viel Sie für jeden gewünschten Klick oder jede gewünschte Einblendung zu zahlen bereit sind. Sie müssen diesen Betrag aber nicht unbedingt zahlen. Wenn Sie eine tolle Anzeige kreieren, die die Leute dazu bringt, mit Ihnen zu interagieren, wird Facebook entscheiden, dass Ihre Anzeige Priorität gegenüber der Anzeige eines Konkurrenten hat, die nicht so fesselnd ist. Facebook wird Ihnen für die Einblendungen einen günstigeren Preis anbieten als Ihrem Konkurrenten, wenn Ihre Anzeigen gut ankommen, wenn die Leute sie mögen und sich von ihnen zu Interaktionen animieren lassen. Wenn Facebook zudem feststellt, dass die Leute mit Ihrem Content interagieren, zeigt es diesen Content mehr Leuten, weil er offensichtlich die Qualität und den Unterhaltungswert des Newsfeeds erhöht. Sobald die Leute aber aufhören zu klicken, wird Facebook die Anzeige nicht mehr als Sponsored Story laufen lassen. Sie wird noch immer für eine

Kerngruppe von Leuten sichtbar sein, aber man wird sie einen natürlichen Tod sterben lassen, indem sie langsam in der Bedeutungslosigkeit verschwindet. Es sei denn, dass Sie darauf bestehen, ihr mehr Geld hinterherzuwerfen. Aber warum sollten Sie das tun? Dieses Mal wird die Sponsored Story viel teurer für Sie sein, und die Ergebnisse werden dieselben sein. Im Grunde macht Facebook es bewusst unwirtschaftlich, schlechte kreative Arbeit zu verbreiten.

Wie cool ist das denn? Wenn Sie einen blöden TV-Werbespot machen, wird der Sender ihn so oft laufen lassen, wie Sie dafür bezahlen. Kein Plakatwandinhaber wird Ihr Machwerk ansehen und sagen: „Mann, ich kann Ihr Geld nicht annehmen. Sie werden damit rein gar nichts verdienen." Facebook jedoch wird das tun, nicht etwa, weil es Sie netterweise vor sich selbst schützen will, sondern weil es klug genug ist, sich selbst vor Ihnen zu schützen. Es liegt in Facebooks ureigenem Interesse, dass Sie guten Content einstellen. Facebook will Geld verdienen, aber wenn die Nutzer das Gefühl haben, dass sie bei jedem Besuch der Seite zugespamt werden, wird Facebook das Nachsehen haben.

Wenn Fernsehsender den Marketingexperten Daten zeigen könnten, die belegen, dass die Zuschauer jedes Mal bei der Ausstrahlung eines schlechten Werbespots den Fernseher abschalten, dann wären TV-Werbespots besser. Das ist es, was Facebook und alle anderen sozialen Medien für uns leisten können. Wenn Facebook Sie darüber informiert, dass niemand mit Ihrer Sponsored Story interagiert, dann ist das idealerweise der Hinweis für Sie, aufzuhören und den Content zu überarbeiten oder ihn ganz fallen zu lassen. Facebook kann Ihnen nicht sagen, warum er nicht funktioniert – Sie müssen die Daten, die Sie von Facebook bekommen, auswerten, um das selbst herauszufinden. Soziale Medien geben uns ein Echtzeit-Feedback vom Verbraucher, das uns dazu zwingt, bessere Marketingexperten, Strategen und Service-Anbieter zu werden.

Und es ist immer noch lächerlich billig. Vielleicht nicht mehr ganz so billig wie früher, aber immer noch deutlich billiger als ein TV-Werbespot. Und finden Sie erst mal einen Fernsehsender, einen Radiosender, eine Zeitung, eine Zeitschrift oder einen Banneranzeigenanbieter, der Ihnen wie Facebook kostenlose Testläufe Ihres Contents in Form organischer oder zielgruppenspezifischer Postings ermöglicht.

Letztendlich haben die Änderungen, die bei den Facebook-Anzeigen eingeführt wurden, nur dahingehend etwas geändert, wie viel es Sie kostet, mit Facebook zusammenzuarbeiten, nicht dahingehend, wie Sie Ihre Story erzählen. Wenn Sie eine Marke sind, die es versteht, die Führhand so einzusetzen, dass sie Ihren Kunden einen Mehrwert bringt – indem Sie ihnen mit einem Cartoon, einem Spiel oder einem anderen unterhaltenden Content einen Moment der Leichtigkeit bieten, der sie darauf vorbereitet, mit Ihnen ins Geschäft zu kommen, wenn Sie schließlich mit einem rechten Haken auf den Verkauf abzielen –, dann werden Sie gewinnen. Wenn Sie das nicht können, haben Sie keine Chance. Egal, was Facebook tut, am Ende zählt nur der Content. Sie können einen Flop sponsern, und es wird Ihnen keinen höheren Umsatz bringen. Aber Sie müssen keinen Flop sponsern. Ihre Facebook-Community bietet Ihnen nämlich jedes Mal, wenn Sie Ihren Content kostenlos einstellen, einen automatischen Flop-Filter. Ihre organische Reichweite beträgt vielleicht nur drei bis fünf Prozent, aber wenn ein großer Anteil dieser organischen Reichweite mit Ihrem Content interagiert, wissen Sie, dass Sie es richtig gemacht haben. Das ist dann der Content, den Sie sponsern. Wenn Sie Content einstellen und dieser überhaupt nicht beachtet wird, dann wissen Sie, dass Sie ihn überarbeiten oder etwas Neues versuchen müssen. Dank Facebook verfügen Sie über eine risikofreie Methode, sicherzustellen, dass Sie nur in etwas investieren, was sich positiv auf Ihr Geschäft auswirken wird.

In Zukunft könnte sich das ändern. Möglicherweise wird die Plattform anfangen, weniger die Interaktion in Form von Kommentaren, „Gefällt mir"-Angaben oder Teilen-Klicks und mehr tatsächliche Käufe als Indikatoren für das Faninteresse zu verwenden. Ganz offensichtlich ist ein Kauf ein großer Indikator dafür, dass Leute Ihren Content sehen wollen. Das könnte bedeuten, dass Facebook ebenso sehr eine Plattform wird, wo man rechte Haken landet, wie eine Plattform, wo sich die Führhand einsetzen lässt. Wenn das geschieht, dann wird Facebook ganz sicher eine Methode finden, rechte Haken so streng zu kontrollieren wie momentan Sponsored Storys. Das Letzte, was Facebook werden will, ist eine Plattform für rechte Haken, denn das würde seinen Untergang bedeuten.

Ich rate Marketingexperten, nicht länger zu klagen und stattdessen mit der Erstellung von Micro-Content zu beginnen, der sein Geld wert ist – Geld, das man braucht, um die Kunden erfolgreich zu erreichen, die von Facebook nun so sorgfältig bewacht werden. Denken Sie unternehmerischer. Finden Sie heraus, wie man mit dem System richtig umgeht und die beste Gegenleistung für sein Geld bekommt. Sie können es sich leisten, auf Facebook in ganz anderer Weise innovativ zu sein als auf jeder anderen Plattform.

Wir wollen uns das mal näher anschauen. Auf den folgenden Seiten sehen Sie einige Beispiele für perfekte Facebook-Werbung, aber auch einige fast komische Fehlschläge.

Bitte beachten Sie: Die Besprechungen der folgenden Fallstudien geben nur auf der Grundlage jahrelanger Erfahrung meine eigene Meinung wieder. Die ursprünglichen Absichten des Unternehmens sind mir nicht bekannt. Es sind nur meine persönlichen Beobachtungen.

BEBILDERTE KOMMENTARE

AIR CANADA: Wie man eine gute Idee ruiniert

 Air Canada · 494,738 like this
March 20 at 1:45pm ·

Lucile Garner Grant, our first ever flight attendant, passed away on March 4 at the age of 102. We wish her family our sincere condolences. An adventurer at heart, we're honoured that she chose to spend some of her years with us.
http://aircan.ca/SMJvQL

 **enRoute | Q&A with Lucile Garner Grant**
enroute.aircanada.com

Claim to fame: The first woman to be employed by Trans-Canada Air Lines (TCA), Garner Grant was a flight attendant from 1938 to 1943. She once rode a dogsled from the airport to a radio station in Fort Nelson, B.C., to fetch a weather

Die erste Flugbegleiterin von Air Canada hatte von 1938 bis 1943 für die Fluggesellschaft gearbeitet. Als sie im Alter von 102 Jahren starb, ehrte Air Canada sie mit dem Posting ihres Fotos und einem Link zu einem Interview, welches das Bordmagazin etwa sechs Monate vor Ihrem Tod mit ihr geführt hatte. Es hätte eine erfolgreiche Werbemaßnahme sein sollen, mit der man eine große Anzahl der 400.000 Fans von Air Canada erreichen wollte. Leider wurde die Chance vergeben.

Die Gründe dafür sind folgende:

- **Das Posting ist visuell nicht überzeugend umgesetzt.**
- **Es ist mit zu viel Text überfrachtet.**
- **Statt eines hier sinnvollen Bild-Postings wurde ein Link-Posting verwendet.**

DER KAMPF UM KUNDEN

Es hätte einen Riesenunterschied gemacht, wenn Air Canada sich etwas mehr Zeit genommen hätte, um dieses Posting visuell überzeugender zu machen. Die meisten von uns wären begeistert, mit 102 so gut wie Mrs. Lucile Garner Grant in ihrem Porträtbild auszusehen. Doch die beiden großen Textblöcke, die das Foto umgeben, beeinträchtigen seine Wirkung. Man kann von den Leuten nicht erwarten, das alles zu lesen, wenn sie mit rasender Geschwindigkeit über die Displays ihrer Mobilgeräte scrollen. Wenn Air Canada das Foto nicht als Link-Posting, sondern als Bild-Posting hochgeladen hätte und die Zeilen mit der Nachricht über Mrs. Garner Grants Tod in das Bild selbst eingebunden hätte, dann hätte das Bild eine stärkere Wirkung gehabt und seine Bedeutung wäre klarer gewesen. Es hätte gereicht, neben dem Foto den Zwischentitel des Interviews (und vielleicht eine Erwähnung des Hundeschlittens) abzudrucken, und dazu einen Link zu dem Artikel.

Genau so sieht Micro-Content aus – kompakt, interessant, aktuell und plattformspezifisch. Das Layout ist groß und auffällig genug, damit jemand, der gerade durch seinen Newsfeed scrollt, anhält und sagt: „Echt jetzt, 102? Ihre allererste Flugbegleiterin? Wie bitte?" Und dann klickt er vielleicht das ganze Interview an, das wirklich einen faszinierenden Rückblick auf die Vergangenheit bietet und das wahrscheinlich viele Leute gern mit Freunden teilen würden. Wenn die Marketingexperten von Air Canada einfach ein paar kleine Änderungen an Bild und Text durchgeführt hätten, hätten sie mehr Zeit gehabt, eine ihrer Angestellten zu ehren, und auch mehr Zeit, um eine spannende Story über ihre Marke zu erzählen.

JEEP: Die richtigen Gefühle wecken

Dieses Bild bringt die Marke Jeep perfekt auf den Punkt. Jeep hätte kein besseres Model wählen können als die hübsche junge Frau auf diesem Foto mit ihrer Sonnenbrille, ihrem fliegenden Haar und ihrem breiten Grinsen, das an Sommer, Spaß und Freiheit denken lässt. Das Coole daran ist, dass sie kein Model ist – sie ist eine normale Frau, die von einem Fan namens Megan Bryant fotografiert und auf Facebook gepostet wurde. Die Bewegung und die Stimmung dieses Fotos sind so beeindruckend, dass es sich lohnt, das Ganze näher zu betrachten. Man braucht nur einen Blick darauf zu werfen, und schon wünscht man sich, auch einen Jeep zu haben.

Man hätte dieses Posting wohl einzig und allein dadurch noch etwas verbessern können, dass man den Text „It's a Jeep Thing" deutlicher sichtbar gemacht hätte, vielleicht durch eine direkte Platzierung auf dem Foto. Mit dieser kleinen Änderung hätte Jeep auf einen Schlag ein starkes Bild, sein Logo und seinen tollen Slogan untergebracht. Ansonsten Hut ab vor Jeep angesichts dieser schönen, menschlich wirkenden und gut umgesetzten Werbeaktion.

MERCEDES-BENZ:
Ein großartiges Produkt hätte etwas Besseres verdient

Ein anderer Autohersteller verfolgte mit dem Posting seines Produkts eine eher traditionelle Herangehensweise. Und was für ein Produkt! Das ist ein richtig schönes, luxuriöses Auto. Das Bild sagt alles, deshalb ist es sehr schade, dass Mercedes-Benz hier nur zu einem ganz laschen Schlag angesetzt hat, wo man eigentlich eine solide Führhand oder beinahe schon einen rechten Haken hätte landen können. Die Gründe für das Misslingen sind folgende:

- **Zu viel Text:** Es ist jammerschade, dass Mercedes-Benz offenbar glaubte, das stylishe Foto mit einer Menge Text erdrücken zu müssen, den nur wenige Leute lesen werden. Stattdessen hätten sie nur eine Textzeile über die luxuriöse Innenausstattung des Autos in das Bild integrieren und dann auf den ausgezeichneten Forbes-Artikel verlinken müssen, in dem die Leser alle nötigen Informationen finden konnten.
- **Schlecht platzierte Handlungsaufforderung:** Zudem wurde die Handlungsaufforderung – der Link zu dem Artikel – unter diesem großen Textabschnitt platziert. Warum wurde das gemacht? Weniger Text hätte die Tatsache hervorgehoben, dass Forbes einen so schmeichelhaften Artikel geschrieben hat. Stattdessen wurde dies von dem umfangreichen eigenen Text überlagert.
- **Kein Logo:** So toll das Auto auch ist, man erfährt nicht, wer es hergestellt hat, wenn man nicht zufällig auf das zum Posting gehörende Profilbild blickt. Es hätte den Eindruck von Exklusivität und Perfektion keineswegs geschmälert, wenn man das Mercedes-Benz-Logo geschmackvoll irgendwo direkt in das Foto eingebunden hätte.

SUBARU: Absolut amateurhaft

Bei diesem Content ist so viel misslungen, dass ich kaum weiß, wo ich mit meiner Kritik anfangen soll.

- **Langweiliger Text:** Wie Mercedes-Benz hat auch die Firma Subaru diesen Content gepostet, um einen positiven Bericht über ihr neues Auto zu teilen. Aber während Mercedes-Benz zu viel geredet hat, war bei Subaru das Gegenteil der Fall. Die Textlänge ist zwar ideal, aber leider wurde die Tatsache verschwiegen, dass der Bericht positiv war. Wo liegt das große Geheimnis? Hier wurde offensichtlich eine Chance versäumt, die Fans neugierig zu machen und sie zum Weiterlesen zu animieren.
- **Schreckliches Foto:** Da Subaru wohl kaum die Absicht hatte, Straßenbelag zusammen mit seinen Autos zu verkaufen, war es absolut unnötig, eine nasse Straße die ganze untere Hälfte des Fotos einnehmen zu lassen. Der Subaru ist so weit entfernt, dass er beinahe so klein ist wie die Segelboote, die im Hintergrund zu sehen sind.
- **Kein Logo:** Es gibt keinen Grund, warum jemand dieses Foto beachten sollte, aber selbst wenn es irgendwie Beachtung finden sollte, fehlt das Logo, das den Leuten erklären würde, warum dieses Auto Aufmerksamkeit verdient.

Auch wenn niemand aus diesem Kieselstein einen Diamanten schleifen kann, könnte diese nicht genutzte Chance zu einer brauchbaren Werbeaktion werden, wenn man einfach die Überschrift *Consumer Reports* und ein Logo hinzufügt und das Foto anders zurechtschneidet.

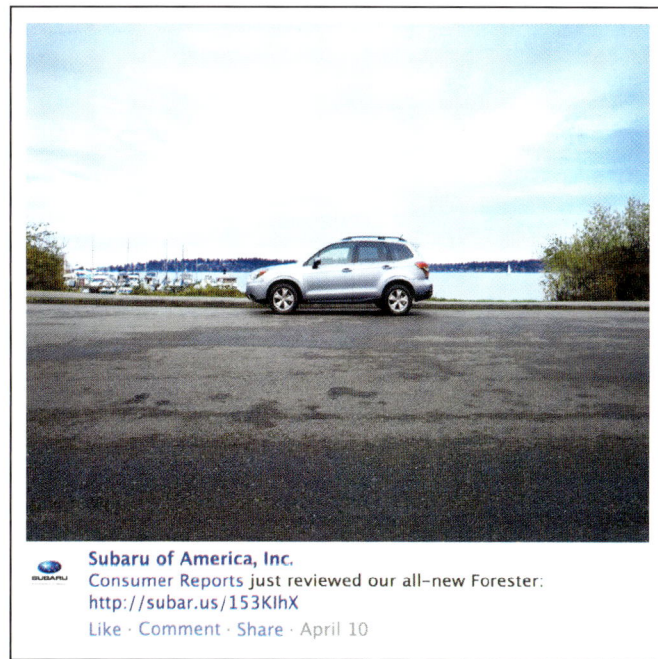

VICTORIA'S SECRET:
Hier wird die Sprache der Plattform fließend beherrscht

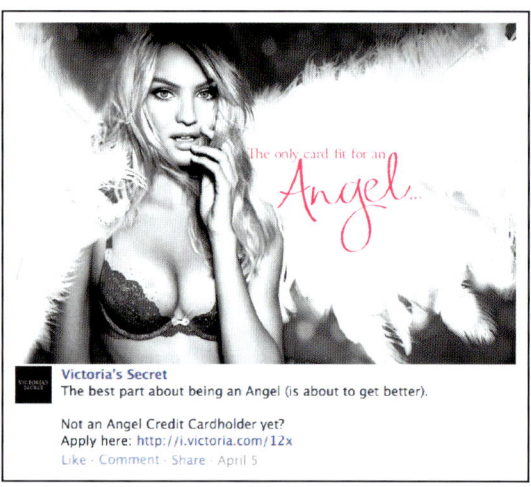

Mit diesem kräftigen rechten Haken zeigt die Modemarke Victoria's Secret, dass sie die Sprache des eigens erstellten Contents fließend beherrscht.

- **Dramatisches Foto:** Offensichtlich sind es nicht allein die Flügel, die dieses Model trägt, was die Leute – Männer, denen ihre Reize gefallen, und Frauen, die ihre Reize gerne hätten – dazu bringt, mitten im Scrollen plötzlich innezuhalten. Victoria's Secret hat dafür gesorgt, dass das Design des Fotos ebenso fesselnd ist wie sein Motiv. Das Bild ist so groß und plakativ, dass es sowohl einen PC-Bildschirm als auch ein Handy-Display komplett ausfüllt; das minimalistische Schwarz-Weiß gibt dem Ganzen einen dramatischen Aspekt; die auffällige pinkfarbene Schrift vor dem Hintergrund der Flügel springt ebenso ins Auge wie Dekolleté und Dessous des Models. Es wurde alles getan, um sicherzustellen, dass niemand dieses Bild übersehen konnte, wenn es in den Newsfeed gelangte.
- **Gute Verwendung des Texts:** Der Text im Foto wurde nahe der Mitte platziert, sodass er auch dann noch sichtbar wäre, wenn das Bild aufgrund eines kleinen Handy-Displays beschnitten würde. Der Ton des Status-Updates sowie die Textlänge sind absolut perfekt. Der Text ist kurz und direkt, aber diese Zeile in Klammern versieht ihn mit einem kleinen Augenzwinkern. Dadurch gewinnt das Ganze etwas Persönlichkeit und Humor, was für die Aktivitäten jeder Marke in den sozialen Medien entscheidend ist.
- **Geeignete Links:** Nach den Worten „Apply here" fügt Victoria's Secret einen direkten Link auf eine Seite ein, wo Sie eine Angel Card beantragen können, die das Einkaufen erleichtert und schneller macht. Verdient ein so selbstverständlicher Schritt wirklich besonderes Lob? Sie würden sich wundern, wenn Sie wüssten, wie viele Marken einen schönen rechten Haken vorbereiten und dann auf ihre allgemeine Unternehmenswebsite verlinken, sodass die Kunden auf der Suche nach dem richtigen Button, der zum Warenkorb und zur Kasse führt, erst mal herumfummeln müssen. Ein Beispiel dafür bietet auch der Lacoste-Tweet auf Seite 112.

MINI COOPER: Die Abenteuerlust wecken

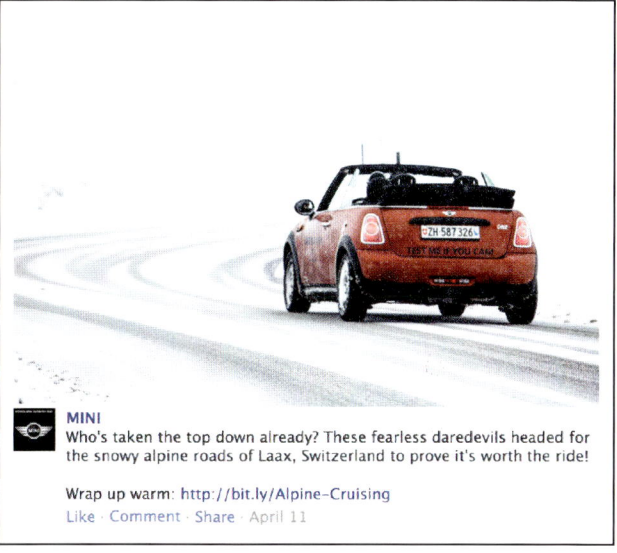

- **Gute sprachliche Gestaltung**: Ich mag den Ton in diesem Posting. Das Status-Update verspricht in zwei Zeilen, dass Sie Abenteuer erleben werden, wenn Sie Mini treu bleiben. Sie könnten in der Schweiz sein! Durch den Schnee fahren! In einem Cabrio! Die Idee, mit offenem Dach durch den Schnee zu fahren, ist so absurd, dass man kaum widerstehen kann, den Link anzuklicken, um herauszufinden, wie Mini diese Fahrt als einmaliges Erlebnis darstellen konnte. Und die Zeile „Wrap up warm" („Ziehen Sie sich warm an") macht uns noch neugieriger. Sie weist nämlich darauf hin, dass die Infos hinter diesem Link unsere letzten Zweifel dahingehend zerstreuen werden, mit welchem Komfort dieses Erlebnis verbunden ist. Sobald Sie das Blog-Posting lesen, das zeigt, dass Sie nur eine Schneebrille und die beheizbaren Ledersitze des Mini brauchen, um eine Open-Air-Fahrt durch die Alpen so komfortabel zu machen wie eine Autoreise auf dem kalifornischen Highway 1, ist Ihre Kaufentscheidung gefallen.

- **Fehlendes Logo**: Ich sehe mal darüber hinweg, dass Mini kein Logo in das Foto für das Facebook-Posting integriert hat. Immerhin ist Mini ein Kultauto, das selbst dann noch erkennbar ist, wenn es wie in diesem Bild von hinten fotografiert wurde. Dennoch hoffe ich, dass jemand im Unternehmen dieses Buch liest und den Tipp aufnimmt, das Logo in den Micro-Content zu integrieren. Dann wird an den Werbeaktionen von Mini kaum noch etwas zu kritisieren sein.

Gut gemacht, Mini!

ZARA: Ein Lockvogelangebot

Mit 19 Millionen Fans ist das Bekleidungsunternehmen Zara eine Facebook-Erfolgsstory. Es ist unverständlich, warum das Unternehmen entschieden hat, mit diesem nutzlosen Posting seine Fans zu enttäuschen. Wir wollen analysieren, warum das Posting eine komplette Zeitverschwendung für die Marke und ihre Fans darstellt.

- **Kaum Optimierung für Mobilgeräte:** Ich musste buchstäblich die Augen zusammenkneifen, um den dünn gedruckten Text unter der Überschrift neben den Fotos lesen zu können. Und was sollen um Himmels willen diese beiden kleinen Schnörkel unter dem iPhone? Selbst das gelbe Quadrat ist nur schwer als Klebezettel erkennbar, wenn man mit seinem Gesicht nicht näher an den Bildschirm herangeht. Und dabei wird das Posting hier noch auf einem Laptop angezeigt! Auf einem Mobilgerät wäre das Bild kaum sichtbar gewesen.
- **Guter Text:** Zumindest haben sie einen guten Text geschrieben. „Zara Apps" ist kurz und knackig und sagt Ihnen alles, was Sie wissen müssen, nämlich dass Zara Apps anbietet. Toll. Wo kriege ich welche? Ah, ein Link! Ich werde ihn anklicken. Nun kann ich ... auf der offiziellen Zara-Website shoppen. Aber ich wollte doch eine App herunterladen! Habt ihr das nicht gerade angekündigt, eure Apps? Was soll das bitte, Zara?

Je öfter eine Marke Links auf Seiten postet, die ihren Kunden keinen Mehrwert bringen, umso eher zögern die Fans, irgendeinen Link anzuklicken, den sie künftig von dieser Marke sehen. Dieses Facebook-Posting ist in kurzfristiger Hinsicht ein Fehlschlag, weil es die Fans mit einem Lockvogelangebot getäuscht hat, und möglicherweise auch in langfristiger Hinsicht, weil es den Respekt und Markenwert gefährdet, den Zara innerhalb seiner Community gewonnen hat.

REGAL CINEMAS:
Die Marke stärken

Keine Branche verfügt über mehr Kultbilder, mit der man eine Marke stärken könnte, als die Filmindustrie. Vor Kurzem habe ich jedoch viele Facebook-Seiten von Kinos analysiert, da ich einige Marketingmöglichkeiten im Social-Media-Bereich in Erwägung zog, und es war fast unmöglich, ein Kino zu finden, das seine Status-Updates für etwas anderes als die Förderung der Ticketverkäufe auf Fandango nutzte. Die Kinokette Regal Cinemas hat sich mit dieser erfolgreichen Werbeaktion, die zwei Filmfiguren einander gegenüberstellt, dem Trend allerdings widersetzt.

- **Das Bild:** Die Marketingexperten der Kinokette haben sich wahrscheinlich Tausende von Bildern der beiden Filmfiguren angeschaut, bevor sie sich für zwei Bilder entschieden haben, und sie haben eine gute Wahl getroffen. Auch wenn zwischen der Produktion der beiden Filme über Studentenverbindungen, in denen Thornton Melon und Frank „The Tank" ins College zurückkehren, 20 Jahre liegen, sind beide Filme im gleichen Stil gemacht.
- **Der Text:** Ausnahmsweise wiederholt das Status-Update für diesen Content nicht den Text in der Grafik. Stattdessen stellt die Bildüberschrift die Frage und das Status-Update erinnert uns an die Namen der Filmfiguren, falls jemand sie nicht kennen sollte. Und dennoch hätte das Unternehmen, auch auf die Gefahr hin, sich zu wiederholen, die Interaktion noch verstärken können, wenn es die Namen der Filmfiguren unter ihre Bilder geschrieben oder sie schlimmstenfalls mit „A" und „B" bezeichnet hätte. Als Faustregel gilt: Machen Sie Ihren Fans die Interaktion so einfach wie möglich! Warum das Risiko eingehen, dass jemandem nicht sofort die Namen der Filmfiguren einfallen, und damit die Chance auf eine Interaktion verpassen?
- **Wieder mal kein Logo:** Es ist zwar gut, dass Regal Cinemas daran gedacht hat, Markenwert aufzubauen, aber sie hätten dafür besser ein Logo als das Banner unter der Grafik verwenden sollen. Nur wenige Leute werden die Internetadresse des Kinos abtippen. Daher hätte man den begrenzten Platz besser nutzen können, indem man ein großes Logo in die Ecke gesetzt hätte. Aber das ist nur ein kleiner Kritikpunkt.

Hier stimmt fast alles, Regal Cinemas. Ich bin zufrieden mit euch.

PHILIPPINE AIRLINES: Total reizlos

Essen ist ein überaus beliebtes Gesprächsthema. Also hatte die Fluggesellschaft Philippine Airlines, die viele exotische Reiseziele anfliegt, eine gute Idee, als sie ihre Fans darum bat, ihre exotischste Mahlzeit zu beschreiben. Aber warum hat das Unternehmen aus einer solchen guten Idee nichts gemacht?

- **Mangelhafte Nutzung der Plattform:** Es sollte selbstverständlich sein, dass Sie beim Thema Essen möglichst auch ein Foto posten. Philippine Airlines hätte ein tolles Foto eines feinen asiatischen Gerichts posten können. Oder es hätte die Sache mit Humor angehen und einen Teller mit Hoden oder irgendein anderes – für den westlichen Geschmack – exotisches Gericht auf einem Airline-Tablett fotografieren können. Mit nur wenig Aufwand hätte man diesem Content eine schöne oder lustige Seite abgewinnen können.
- **Ausdruckslos:** Hätten sie angesichts der Tatsache, dass das Flugzeugessen Zielscheibe so vieler Witze ist, nicht etwas machen können, was darauf hinweist, dass Philippine Airlines etwas Ahnung von gutem Essen hat? Dieses Status-Update ist so langweilig und nichtssagend, dass es von jedem beliebigen Unternehmen der Welt stammen könnte. Das Unternehmen hat schlichtweg keinen Versuch unternommen, die Frage für Philippine Airlines oder seine Kunden relevant zu machen.
- **Zu viele Handlungsaufforderungen:** Schließlich muss Philippine Airlines daran denken, dass weniger mehr ist. Da das Posting gleich zwei Handlungsaufforderungen enthält, wurde den Leuten die Beantwortung der Fragen noch schwerer gemacht. Es hört sich vielleicht verrückt an, aber wenn die Leute mit rasender Geschwindigkeit durch den Newsfeed scrollen, sind zwei Fragen zu viel. Man hätte sie als zwei separate Postings aufführen sollen.

SELENA GOMEZ: Ein goldener Touch

- **Das Foto:** Es ist groß und auffällig und passt damit sehr gut zu der Facebook-Plattform. Da Selenas Glitzerhand und Glitzer-Smartphone sich prominent ins Bild drängen, kann das Bild von den Fans, die durch ihre Newsstreams scrollen, gar nicht übersehen werden.
- **Der Text:** Prominente gehören zu den Leuten, die die sozialen Medien am meisten missbrauchen, und einer ihrer größten Fehler ist, dass sie normalerweise zu viel reden. Selena tut dies nicht, und bei ihrem Status-Update war sie klug genug, ihren Text kurz und spielerisch zu halten.

Ihr Smartphone und Ihre Finger sind ohnehin immer zusammen – warum also sollten sie einander nicht ergänzen? Kein Wunder, dass es der heiße neue Trend in der Frauenmode ist, den Nagellack an die Smartphone-Hülle anzupassen. Hier lacht Selena Gomez über sich selbst, weil sie in dieser klugen Werbeaktion auf den Trend aufspringt (die Smartphone-Hülle und der Nagellack reflektieren dasselbe warme Gold wie Selenas Werbeposter für ihre Stars-Dance-Welttournee), während sie zeigt, dass sie eine buchstäblich blendende Wirkung hinkriegt.

Diese Sponsored Story mit Selena Gomez wurde über 6.000 Mal geteilt und erhielt über 220.000 „Gefällt mir"-Angaben. Sie zeigt, wie weit Fans den Content einer Marke verbreiten, wenn Sie ihnen das Gefühl geben, dass alles, was Sie tun, auf ihre Interessen ausgerichtet ist.

DER KAMPF UM KUNDEN

SHAKIRA: Misslungen

 **Shakira** · 66,264,718 like this
April 10 at 3:40pm ·

- In our video from the recent S by Shakira fragrance launch in Paris, Shak chats about being a mother, recording her next album and her role as a coach on The Voice....
- En este vídeo del viaje de Shakira a París, ciudad en la que presentó su fragancia S by Shakira, Shak nos habló sobre su nuevo rol como madre, su nuevo álbum y sobre su participación en el programa The Voice.
ShakHQ

 **Shakira in Paris – Shakira en París**
www.youtube.com
On 27 March 2013, Shakira visited Paris to launch her new S by Shakira fragrance at the city's Sephora store. While she was there, she

Shakira wird von 63 Millionen Fans unterstützt und sie erweist mit diesem Posting jedem Einzelnen davon – und natürlich auch sich selbst – einen Bärendienst.

- **Falsche Art von Posting:** Erinnern Sie sich, wie Selenas Foto Ihnen richtig ins Auge sprang? Bei diesem Foto hier müssen Sie die Augen zusammenkneifen, um es zu sehen, denn es ist ein Link-Posting, kein Foto-Posting. Wenn Sie YouTube-Links hinzufügen, nimmt die Beschreibung – die Überschrift, der Link und der Text – so viel Platz wie das Foto ein. Damit wird die Wirkung des Fotos geschmälert.

- **Schlechtes Foto:** Ich will nicht sagen, dass dieses Foto in einem größeren Format viel wirkungsvoller gewesen wäre. Das Ziel des Postings ist es, für Shakiras neues Parfüm zu werben. Warum sehen wir dann ein Bild von ihr, wie sie mit einem Fan und einem signierten Fußballtrikot auf einem Podium posiert? Es ist toll, zu zeigen, wie locker und großzügig Shakira mit ihren Fans umgeht, aber das ist das falsche Bild für die Absicht, die dieser Content verfolgt.
- **Der Text:** Zunächst ist da der Text auf Englisch. Und dann gibt es noch den Text auf Spanisch. Und dann gibt es die YouTube-Beschreibung. Das ist kein Roman, es ist

ein Status-Update und daher sollte es kurz sein. Marken konnten ihre Postings schon immer an die jeweilige Landessprache des Nutzers anpassen, es war also völlig unnötig, dieses Posting in zwei Sprachen zu verfassen. Insbesondere wenn der Content so langweilig ist. Es mutet seltsam an, dass eine Frau mit einer so brandheißen Marke einen Text mit so wenig Pfiff postet.

- **Keine Interaktion:** Abgesehen von einem Dankeschön an Ihre Fans für die „Gefällt mir"-Angaben auf ihrer neuen Facebook-Seite gibt es keine Interaktion zwischen dem Star und ihren Fans. Das scheint eine etwas seltsame Entscheidung zu sein, wenn sie will, dass die Leute ihr Parfüm kaufen.
- **Das Video:** Es dauert sechs Minuten. Niemand in der Facebook-Mobilwelt hat Zeit, um ein sechsminütiges Video über dein neues Parfüm anzuschauen, egal, wie sehr wir dich mögen.

Das ganze Paket – sofern wir es überhaupt schaffen, es uns in voller Länge anzutun – soll uns einen Blick in das ereignisreiche Leben eines Stars ermöglichen und gleichzeitig Shakiras Menschlichkeit zeigen. Es hätte für Shakiras Team viele Möglichkeiten gegeben, dies zu erreichen und gleichzeitig ihren Fans einen Mehrwert zu bieten.

LIL WAYNE: Willkommen in Spam City, USA

Man kann diese Besprechung nur beginnen, indem man Lil Wayne dazu gratuliert, dass er der Erste war, der Facebook erfolgreich in Myspace verwandelt hat.

- **Schlechtes Seitenmanagement:** Es den Leuten zu erlauben, dass sie Ihre Fanseite dazu nutzen, um ihre eigenen Unternehmen und Facebook-Seiten aufzubauen, ist eine Beleidigung für all die echten Fans, die Ihre Seite besuchen, um Teil Ihrer Community zu sein. Zudem laufen Sie Gefahr, diese Fans zu Gegnern zu machen, wie die verärgerten Kommentare zeigen: „O. k., Lil Wayne, wir haben es begriffen, du hast es nun acht Mal gepostet …" Derjenige, der dies geschrieben hat, kann allerdings lange auf eine Antwort warten – Weezy kommt nicht hierher. Die Tatsache, dass er es vernachlässigt, seine Seite zu pflegen, den Spam zu löschen und mit Leuten zu interagieren, zeigt, dass seine Fans ihn nicht wirklich interessieren. Deshalb haben auch seine Fans kaum eine Veranlassung, sich für ihn zu interessieren und seine Seite öfter zu besuchen.

Es fällt mir nicht leicht, mich über Weezy lustig zu machen, denn ich mag seine Musik, aber ganz ehrlich, wenn man sich mit seiner Social-Media-Werbung so wenig Mühe gibt, dann ist man nicht besser als die Amateure, die den Leuten Werbeflyer unter die Scheibenwischer stecken.

MOSCOT:
Vielleicht das verwirrendste Facebook-Posting aller Zeiten

Normalerweise präsentiert dieses kleine amerikanische Unternehmen sich ziemlich gut auf Facebook, aber dieses Posting, das auf eine positive Besprechung der Marke auf einer israelischen Website Bezug nimmt, ist mit einigen schweren Fehlern behaftet.

- **Jede Menge Text und Probleme mit dem Text:** Erstens ist da die doppelte Präsentation des Textes neben dem Foto von Johnny Depp in Hebräisch und Englisch (auch wenn es nicht ganz einfach ist, den englischen Text zu finden). Auf Facebook sollte man seine Fans nicht mit Text zuschütten.
- **Nicht entzifferbarer Text:** Zweitens ist der Text, der uns ins Auge springt, auf Hebräisch verfasst. Das ist irgendwie faszinierend und in Verbindung mit dem Foto von Johnny Depp reicht das möglicherweise, um die Aufmerksamkeit der Leser zu gewinnen. Aber nicht für lange. Sobald die meisten Fans merken, dass sie auf der Seite nichts lesen können – es ist ein amerikanisches Unternehmen und die meisten Fans werden Amerikaner sein –, werden sie weiterziehen. Nur wenige werden unter dem winzigen Profilbild der Marke auf „See more" klicken, wo sie die englische Übersetzung des Artikels finden. Und drittens sollte niemand einen Text auf Facebook posten, der länger als 1.000 Wörter ist, egal ob auf Hebräisch oder Englisch.

Noch etwas. Hier und auf seiner ganzen Facebook-Seite versieht Moscot seine eigenen Postings mit „Gefällt mir"-Angaben. Das geht gar nicht, Moscot. Hört bitte damit auf.

LAND ROVER: Nicht zielführend

Als ich dieses Land-Rover-Posting zum ersten Mal sah, hätte ich es am liebsten vernichtet. Bei näherer Betrachtung fragte ich mich allerdings, ob die Probleme, mit denen dieser Content behaftet ist, dadurch verursacht wurden, dass das Kreativteam in seinen aufrichtigen Bemühungen durch das Unternehmen nur unzureichend unterstützt wurde.

• **Keine Markenidentität:** Verstehen Sie mich nicht falsch, aber die Umsetzung ist ziemlich sonderbar. Stellen Sie sich dieses Posting in Ihrem Stream vor. Sie sehen eine Frau, die Sie durch ein Teleskop anglotzt, aber es gibt kein Logo und keinen deutlich lesbaren Text im Bild. Sie können also unmöglich wissen, worum es geht, wenn Sie nicht bewusst innehalten, um angestrengt den Text unter dem Bild zu lesen.

• **Falsche E-Mail-Adresse:** Wir sehen, dass das Posting von Land Rover ist, dass sie etwas Spezielles geplant haben und dass sie uns dazu auffordern, ein Bild im Passfotostil an landroversocialmedia@gmail.com zu schicken. Sie haben die Aufgabe gut gelöst, indem sie den Text kurz und prägnant gehalten haben, aber dann haben sie eine überraschend sonderbare Entscheidung getroffen. Warum hat Land Rover sich nicht eine .landrover-E-Mail-Adresse statt einer Gmail-Adresse beschafft? Zudem kann man nur hoffen, dass sie mit ihrer Definition „im Passfotostil" nicht zu streng sind, denn das von ihnen selbst verwendete Foto, bei dem die eine Gesichtshälfte der Frau mit dem

Teleskop abgedeckt ist, ist keineswegs im Passfotostil. Vielleicht ist das auch egal, denn wenn wir den Link anklicken, der uns auf eine Seite mit näheren Informationen über das Projekt führt, wird die Anforderung „Passfotostil" nicht mehr wiederholt.

- **Links, die ins Nichts führen:** Dieser Mangel an Konsistenz ist jedoch ein kleiner Fehler im Vergleich dazu, dass der Link uns von dem Facebook-Posting des Unternehmens direkt zu einem anderen Facebook-Posting des Unternehmens führt. Das zeigt mir, dass das Kreativteam durch die Unternehmensleitung – auch in finanzieller Hinsicht – nicht ausreichend unterstützt wurde, um dieses Projekt mit einer richtigen Website angemessen umzusetzen.

Sich mit einem findigen Unternehmergeist hervorzutun und mit den vorhandenen Ressourcen auszukommen, ist für ein Start-up bewundernswert, aber nicht für ein Unternehmen wie Land Rover, das ein ziemlich teures Produkt verkauft.

STEVE NASH: Eine enttäuschende Neuausrichtung

Möglicherweise wurde dieses Posting nur deshalb ausgewählt, weil mein lieber Freund Nate ein erbitterter Steve-Nash-Hasser ist, seit dieser seine geliebten Phoenix Suns verlassen hat, und weil ich gerade einen Vorwand suchte, um Nash eine negative Kritik zu geben. Davon mal abgesehen ist dieser Content auch objektiv betrachtet ganz fürchterlich.

Bisher zeigte Nash eine solide Social-Media-Präsenz, die die Plattformen respektierte und seine Fans zur Interaktion bewegte. Dieser Content ist eine solche Abkehr von seinen bisherigen Prinzipien, dass ich mich frage, ob er in Phoenix vielleicht gute Social-Media-Berater hatte und diese dann durch seinen Umzug nach Los Angeles verlor. Das Posting sollte Werbung für den Steve Nash Foundation Showdown, ein Charity-Fußballspiel, machen, bei dem Stars der National Basketball Association gegen Top-Fußballspieler aus aller Welt antreten.

- **Kein eigens erstelltes Design:** Jeder Besucher von Nashs Fanseite wurde direkt zum „HOWDOW" der Steve Nash Foundation eingeladen. Bei Betrachtung auf dem Handy wurde es als „OWDOW" angezeigt. Man muss sich mit der Kunst der Status-Updates schon auskennen, und jemand in Nashs Medienteam hatte definitiv keine Ahnung.
- **Tote Links:** Die Internetadresse, die dem Update hinzugefügt ist, wurde nicht mit einem Link versehen. Nash rechnet also damit, dass die Fans den Link in die Adress-

zeile ihres Browsers kopieren, wenn sie die Showdown-Website aufrufen wollen. Ich versichere Ihnen, dass das kein Einziger getan hat, was sehr schade ist, da es eine schöne Website und nicht zuletzt eine äußerst coole und gute Sache ist.

- **Keine Spamkontrolle:** Hier haben wir also wieder den Spam. Der Kommentar-Thread ist voll davon. Im Internet gibt es überall diese lästigen Leute, die populäre Fanseiten dazu nutzen, Werbung für sich selbst oder ihr Unternehmen zu machen, und die Content-Manager dieser Seiten müssen sich besser um die Löschung dieses Spams kümmern.

All diese Fehler können nur das Resultat von Nachlässigkeit oder Faulheit sein. Die Nash-Fans verdienen jedenfalls etwas Besseres.

DER KAMPF UM KUNDEN

AMTRAK: Wie man Sägemehl zu seinem Vorteil nutzt

Ich fahre immer mit den Zügen von Amtrak, und bei diesem Facebook-Posting habe ich mich darüber gefreut, dass ich das tue. Ich mag dieses Posting – es ist eine der besten Werbeaktionen, die ich seit Langem gesehen habe. Und das Allerbeste ist, dass ich anhand dieses Beispiels mit einigen wirren Vorstellungen dahingehend aufräumen kann, was soziale Medien leisten können und was nicht.

- **Gute Verwendung von Sägemehl:** Man muss schon sehr klug sein, damit man auf die Idee kommt, ein Bild von etwas so Langweiligem und wenig Einprägsamem wie zwei Zugsitzen zu machen und das Ganze in einen lustigen, anregenden Content zu verwandeln. Material wie diese beiden Zugsitze nenne ich „Sägemehl" – Aktivposten, die einfach schon da sind, vielleicht etwas, was Sie als völlig selbstverständlich betrachten.
- **Spielerische Gestaltung:** Amtrak hat nicht nur sein Sägemehl genutzt, sondern das Posting auch mit spielerischen Elementen versehen. Taggen Sie denjenigen, mit dem Sie gerne verreisen würden – das ist eine lustige, intelligente Aufgabe, die auch einen emotionalen Aspekt hat (auch wenn es eine ziemlich große Aufgabe ist, die zu unzuverlässigen Ergebnissen führen könnte). Und es ist eine gute Methode, um von der Plattform zu profitieren. Jeder, der eine Benachrichtigung erhält, dass er getaggt wurde, wird sofort auf die Marke Amtrak aufmerksam. Auf diese Weise lässt sich selbst bei Leuten, die vielleicht noch keine Fans sind, hervorragend ein Bewusstsein für die Marke aufbauen.
- **Authentizität:** Hinter diesem Posting steht auch eine echte Person. Das merkt man daran, dass Amtrak auf den Vorschlag eines Fans, Justin Bieber als Sitznachbarn mitzunehmen, erwiderte: „Aber was macht dann Selena Gomez?" Mit einem Satz zeigt Am-

trak, dass seine Mitarbeiter unsere Zeitgenossen sind, Leute wie du und ich, die den Nerv der Popkultur treffen, Sinn für Humor und echtes Interesse an ihren Kunden haben.

Als einzige Kritik könnte man gegenüber Amtrak anbringen, dass ein Bild von ziemlich abgenutzten Sitzen ausgesucht wurde. Wahrscheinlich wurden diese Sitze 1964 zum letzten Mal frisch gepolstert, und das war wohl auch ihr Herstellungsjahr. Das führt mich zu der irrigen Vorstellung, die viele Marketingexperten von den sozialen Medien haben. Sie funktionieren nicht wie Lippenstift. Egal, wie brillant, klug oder authentisch Sie sind, nichts wird die Mängel in Ihrem Content kaschieren. Einige Leute werden vielleicht den Retrolook der Sitze mögen, aber viele werden ihn nicht besonders ansprechend finden. Amtrak hätte besser daran getan, einige weniger abgenutzte Sitze auszuwählen oder diese hier etwas besser zu reinigen, bevor man ein Bild von ihnen postet. Dieser mangelhafte Sinn für Ästhetik ist das einzige Detail, das eine ansonsten perfekt gelungene Werbeaktion beeinträchtigt.

UNICEF: Wie man zu früh zu viel verrät

Dieses auf eine Prominente bezogene Posting ist ein weiteres Beispiel dafür, wie das Missachten der kleinen Nuancen einer Plattform Ihren Content auf entscheidende Weise positiv oder negativ prägt.

- **Gute Bildwahl:** UNICEF hat hier vieles richtig gemacht. Die Organisation traf den Nerv der Popkultur und wählte mit der allseits beliebten Katy Perry die richtige Prominente. Das Bild der lächelnden Katy, die in ihrem UNICEF-T-Shirt mit einigen Dorfmädchen Seil springt, ist goldrichtig und müsste eigentlich für eine verstärkte Wahrnehmung der Marke sorgen.
- **Verpfuschter Text:** Der Text wurde leider vermasselt. Die erste Zeile lautet: „Wollen Sie wissen, was Katy Perry vorhatte?" Gute Frage. Provozierend. Interessant. Und UNICEF hat es verpfuscht, indem die Antwort gleich mitgeliefert wurde.

Das Posting hätte mit dieser ersten Zeile, ergänzt durch einen Link, enden sollen. Hätte man die Frage im Raum stehen lassen, dann hätte das die Neugier der Besucher auf mehr geweckt und sie wären den digitalen Brotkrümeln zur UNICEF-Website gefolgt. Dort hätte man dann nähere Informationen über die humanitäre Arbeit in Madagaskar und anderen Ländern unterbringen können. Die Tatsache, dass man direkt die Antwort präsentiert hat, hat dem Posting seine ganze Energie und seinen Stil geraubt.

Es ist ein Beinahetreffer – eine kleine Änderung hätte gereicht und diese Werbeaktion hätte ins Schwarze getroffen.

BLACKBERRY: Fehlende Details machen sich bemerkbar

Mein Team und ich haben mehrere Minuten gebraucht, um die Story hinter diesem Posting zu verstehen. Uns gefiel vieles daran, aber dann stellten wir Folgendes fest: Wenn es so schwierig war, herauszufinden, was BlackBerry aussagen wollte, dann konnte die Story bei einem Publikum, das wahrscheinlich weniger als eine Sekunde darüber nachgedacht hatte, kaum Beachtung finden.

- **Schlechte Storytelling-Technik:** Ich verstehe die Story, die BlackBerry zu erzählen versucht hat: Das BlackBerry Z10 ist zwei Handys in einem – eines für die Arbeit, eines fürs Spiel. Und wenn Sie auf den Link unter dem Bild klicken, gelangen Sie zu einem ziemlich coolen YouTube-Video, das genau illustriert, was an dem Handy Besonderes ist. Zudem finden Sie einen weiteren Link, der Sie auf die Einzelhändlerseite des Produkts führt. Aber auch wenn die Marke richtig entschieden hat, das Foto in den Mittelpunkt des Updates zu stellen, liefert das Bild nicht genug Storytelling für uns. Warum stellt man nicht das Foto einer Person, die beim Fußballspiel ihres Kindes anwesend ist, dem Foto derselben Person im Büro gegenüber? Sie müssen schon ganz genau hinsehen, um den Unterschied zwischen den beiden Displays zu erkennen. Zudem ist im Text von „work-life harmony" die Rede, aber die Displays sind insofern vertauscht, dass zuerst das Leben und dann die Arbeit kommt. Das ist nachlässig. Und schließlich: Die Leute schauen die ganze Zeit nur auf Displays und jetzt sollen sie auch noch auf Displays auf ihren Displays schauen? Das ist etwas selbstbezogen für einen Hersteller von Mobilgeräten.

Es war richtig, dass BlackBerry eine große Werbeaktion für dieses Produkt gestartet und seine Story in den sozialen Medien erzählt hat, aber man hätte bei der Umsetzung mehr auf die Details achten müssen.

MICROSOFT: Dem Trend folgen

Es ist nett, zu sehen, wie ein langweiliges Unternehmen, dessen Image nicht gerade sexy ist, seine kreative, lustige Seite zeigt, indem es dem Zeitgeist folgt.

- **Gute Verwendung von Links:** In dieser aufregenden Facebook-Aktion macht Microsoft Werbung für ein Produkt namens Fresh Paint, eine App, die es Ihnen ermöglicht, eine Farbpalette zu verwenden, um in Vorlagen oder sogar auf Ihren eigenen Bildern und Fotos zu malen. Fans können alles darüber in dem Blog lesen, den Microsoft zwei Monate vor diesem Status-Update gepostet hat. Dieser ist leicht erreichbar über den Link unter dem Bild von Dory und Nemo. Darin erfahren wir, wie Microsoft sich mit Disney-Pixar zusammentat, um ein „Finding Nemo Pack" für Fresh Paint zu kreieren, eine Sammlung von Original-Ausmalbildern mit der passenden Farbpalette. Klugerweise hat Microsoft die Ankündigung, dass es einen Nachfolgefilm zu *Findet Nemo* geben würde, für die Präsentation seines Produktes genutzt.

- **Bietet Qualität, Mehrwert und Authentizität:** Das Posting zeigt, dass das Kreativteam bei Microsoft sich ein paar kluge Gedanken darüber macht, was gerade kulturell im Gespräch ist und wie das Unternehmen ein Teil davon werden kann. Die Marke bekommt weitere gute Noten für die Bildqualität, die Tatsache, dass der Ton des Textes nicht zu förmlich ist, und dafür, dass der Community ein Mehrwert geboten wurde. In diesem Status-Update und in dem Blog klingt Microsoft wirklich begeistert – sowohl im Hinblick auf den Film als auch auf sein Produkt. Wenn nur mehr Unternehmen Facebook so gut nutzen würden!

ZEITGEIST: Wie es seinen inneren Hipster verfehlt hat

Dieses Posting ist erstaunlich schlecht. Hipster haben mir erzählt, dass Zeitgeist die ultimative Hipster-Bar in San Francisco ist. Ironischerweise hätte sich alles, was an dieser Werbeaktion mangelhaft ist, leicht vermeiden lassen, wenn jemand mit einem Mindestmaß an Hipster-Qualitäten das Posting verfasst hätte.

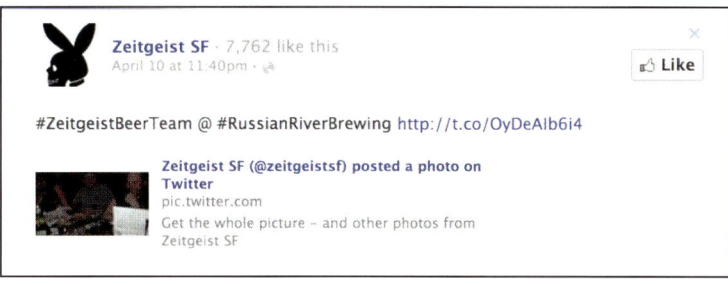

- **Niedriger Facebook-Wert:** Erstens hat das Posting an sich keinerlei Wert, außer dass es die Fans zu Twitter lockt. Es gibt keinen Text, nur ein Chaos von Hashtags. Hashtags haben unsere Kultur so sehr unterwandert, dass die Leute anfangen, sie als ironischen Auftakt zu Status-Updates und selbst zu normalen Gesprächen zu verwenden. Sie gehören schon lange zum Erscheinungsbild von Twitter und Instagram, wo sie die Funktion von Stichwörtern haben, und kürzlich wurden sie auch von Facebook eingeführt. Es kann sein, dass Zeitgeist versucht hat, Hashtags in seine Sprache aufzunehmen, aber hier funktionieren sie nicht.
- **Falsches Format für das Posting:** Zudem handelt es sich um ein Link-Posting, und zu der Zeit, da dieses Posting gemacht wurde, waren Link-Postings weniger erfolgreich als Bild-Postings mit weiterführenden Links (auch wenn sich das in Zukunft ändern könnte). In diesem Fall hätte ein Bild-Posting das Status-Update allerdings auch nicht mehr gerettet, sondern es vielleicht nur noch schlimmer gemacht.
- **Minderwertiges Foto:** Der Link führt uns zu einem Twitter-Account mit einem von Zeitgeist getwitterten Foto. Auf dem Foto ist wohl eine Bierprobe bei der Brauerei Russian River Brewing mit einigen Leuten, die um eine Reihe Biergläser sitzen, zu sehen. Das Bild ist aber so dunkel und verschwommen, dass man sich wirklich anstrengen muss, um etwas zu erkennen. Das ergibt überhaupt keinen Sinn. Zeitgeist ist eine hippe Marke, bei deren Selbstdarstellung es um moderne Technik geht. Fotografie ist eine Art soziale Währung geworden. Das ist kein tolles Foto. Es ist noch nicht einmal gut. Es ist so ein Bild, das man normalerweise löscht, um noch mal eine Aufnahme zu machen. Durch das Posten dieses minderwertigen Bildes legt Zeitgeist den Schluss nahe, dass es eigentlich wenig Ahnung von Technik hat und nicht so hip und cool wie seine Kundschaft ist. Es ist diese Art von unterschwelliger Botschaft, die für ein Unternehmen vernichtend sein kann.

TARTINE BAKERY: Schickes Chaos

Tartine Bakery, ein sehr beliebtes Café mit Konditorei in San Francisco, hat zwei fantastische illustrierte Kochbücher veröffentlicht, die landesweit Beachtung und Anerkennung fanden. Sein Facebook-Posting verrät allerdings, dass Tartine Bakery zwar wie viele andere Unternehmen und Fortune-500-Firmen bereit ist, Energie, Mühe und Geld in vertraute Werbeplattformen zu stecken, es aber noch nicht geschafft hat, dieselbe kreative und strategische Energie in die neuesten Plattformen zu stecken, wo die Fans tatsächlich mehr Zeit verbringen. Dieses Posting ist in so vieler Hinsicht mangelhaft, dass ich meine Kommentare aus Platzgründen kürzen muss.

- **Unklare Botschaft:** Dieses Posting auf der Tartine-Bakery-Fanseite wirbt eigentlich für ein Event des Partner-Restaurants, der Tartine Bar. Es ist grundsätzlich eine gute Sache, Cross-Promotion zwischen verschiedenen Communitys zu machen, aber man hätte es schon deutlich machen müssen, dass es sich hier nicht um ein Event der Bakery handelt, da die meisten Fans auf diese Fanseite kommen, um nach News der Bakery zu suchen.
- **Ungeschickt formulierter Text:** Sie schreiben: „Bar Tartine (with Link!) hosts …" Was für ein ungeschickt formulierter Satz! Zudem zeigt er, dass jemand bei Tartine tatsächlich glaubt, dass Fans zu dumm sind, um zu wissen, wofür diese kleine blaue Internetadresse am Ende des Postings gut ist.
- **Irrelevanter Hashtag:** Was ist mit dem Hashtag los? Das Posting führt uns nicht zu Twitter, wozu soll er hier also gut sein?
- **Kein Foto:** Das ist in visueller Hinsicht absolut benutzerunfreundlich. Tartine macht Werbung für ein Charity-Event, bei dem es um Essen geht, und sie schaffen es nicht, uns Appetit mit einem kleinen Teaser über leckeres Essen zu machen oder uns mit einem anderen coolen Bild zu begeistern?

Der vierte Fehler erklärt vielleicht Fehler Nummer 3. Tartine hat es nicht nur versäumt, der Ankündigung seines Charity-Events ein Bild hinzuzufügen, sondern es sieht so aus, als sei ein Bild sogar gelöscht worden. Wenn Sie an ein Status-Update eine Internetadresse anfügen, erscheint automatisch ein Thumbnail unter Ihrem Posting. Aber hier gibt es keines. Das kann nur passieren, wenn jemand entschieden hat, kein Bild einzubinden. Wenn Sie die Internetadresse in Ihren Browser tippen und die Seite für das Fundraising-Event aufrufen, werden Sie vielleicht den Grund sehen. Dort finden Sie nämlich das erbärmlichste Bild eines misslungenen Burgers, das jemals gemacht wurde. Der Salat ist irgendwie dinosaurierförmig und fluoreszierend grün; das Fleisch, das eigentlich aussieht wie aneinandergeklebte Radicchio-Streifen, glüht rot aus dem Inneren, als würde eine Art Atomunfall kurz bevorstehen, und es ist mit fluoreszierenden grünen Raupen bedeckt, die wahrscheinlich Essiggurken sein sollen. Es ist ein Alptraum! Kein Wunder, dass Tartine Bakery dieses Ding nicht auf seiner Fanseite haben wollte. Damit stellt sich allerdings die Frage, warum sie nicht aktiv wurden und der Organisation, die die Fundraising-Website erstellt hat, besseres Bildmaterial lieferten.

- **Unzureichendes Content-Management:** Schließlich sind die vier Spam-Kommentare – die einzigen, die überhaupt gemacht wurden – die Krönung des Ganzen.

TWIX: Wie man Spaß hat

Twix hat seine Sache hier gut gemacht, aber leider hat es sein Logo nicht in das Foto eingebunden. Das ist sehr schade, da diese Bilder, wie ich bereits mehrmals bemerkt habe, so schnell durch die Mobile-Streams der Verbraucher rauschen, dass sie zwar gut sichtbar sind, aber ihre Herkunft nicht erkennbar ist. Davon mal abgesehen ist Twix so ein Kult-Schokoriegel, dass die meisten Leute wahrscheinlich sofort wiedererkennen werden, was sie sehen. In diesem Fall ist das Versäumnis also nicht allzu schlimm.

- **Kluges Storytelling, starker Ton, gute Verwendung der Popkultur:** Früher ließ Twix Werbespots laufen, bei denen das Knacken eines in zwei Teile brechenden Twix zu hören war. In diesem Posting wird diese Story wieder aufgenommen, indem das wohlbekannte philosophische „Tree in the forest"-Gedankenspiel abgewandelt wird.* Das ist eine nette Idee. Der Text zeigt, dass sein Verfasser einen ausgeprägten Sinn für das skurrile, spielerische Markenimage hat. Die relativ hohe Interaktionsrate, die das Posting erreichte, zeigt, wie ansprechend es für Kunden ist, wenn eine Marke sich geschickt in die Popkultur einbringt, um ihre Story zu erzählen. Sicher werden die Kunden nun reagieren, wenn Twix einen richtigen rechten Haken landet.

---

*) „If a tree falls in a forest and no one is around to hear it, does it make a sound?" („Wenn ein Baum im Wald umfällt und niemand da ist, um es zu hören, macht er dann ein Geräusch?") Philosophisches Gedankenspiel, das Fragen in Bezug auf die Beobachtung und die Erkenntnis der Realität stellt (Anm. d. Übers.).

COLGATE: Guter Text, der schlecht präsentiert wird

- **Griffiger Text:** „Did You Know?" in Großbuchstaben funktioniert aus meiner Sicht gut. Hier wird mit einem kurzen und auf den Punkt gebrachten Text auf positive Weise bestätigt, dass die Marke daran interessiert ist, wichtig für eine Community zu sein, die einen gesunden Lebensstil schätzt. Leider ist der Text mit einem Bild verknüpft, bei dem klar ersichtlich ist, dass es aus einer Bilddatenbank stammt. Durch das klischeehafte Bild der Frau wird jede Markenstärkung abgewürgt, die das Unternehmen mit seinem starken Text hätte bewirken können. Interessanterweise gab es relativ starke Interaktionen auf das Posting. Als Ursache dafür betrachte ich den guten Text. Sicher hätte es noch mehr Reaktionen gegeben, wenn das Colgate-Logo und der Text direkt in das Bild eingebunden worden wären. So wäre es vielleicht ein Riesenerfolg geworden. In diesem Zustand ist das Posting jedoch zum Gähnen.

KIT KAT: Schlechtes Timing

Ein Status-Update kann nicht besser sein, abgesehen von einem klitzekleinen Fehler, der sich entscheidend auf die Reichweite und den Einfluss eines Postings auswirkt.

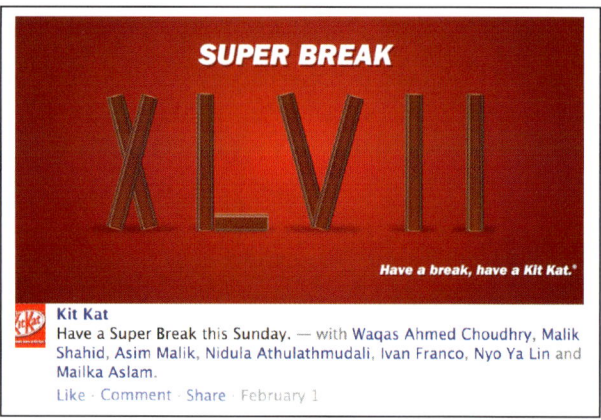

- **Gestaltung, Ton, Text – das ist alles gut:** Die Gestaltung des Postings, das am Freitag vor dem Super-Bowl-Sonntag 2013 gepostet wurde, ist lustig und kreativ. Das Bild und die Gestaltung bringen sich mit einem unterhaltenden Ton perfekt in das globale Gespräch ein. In der rechten Ecke wurde der Slogan eingebunden, was eine ausgezeichnete Alternative zu einem Unternehmenslogo darstellt. Mehr Marken sollten ihren Slogan verwenden und ihn konsequent in ihre Social-Media-Aktivitäten einbinden. Das Produkt ist hervorgehoben und klug verwendet; der Text, der Claim und der Marken-Slogan ergänzen sich gegenseitig; der kulturelle Bezug ist allgemein verständlich. Der einzige Fehltritt ist das Timing des Postings.
- **Gedankenloses Timing:** Beim Super Bowl 2013 traten die Baltimore Ravens gegen die San Francisco 49ers an. Kit Kat hat dieses Posting um 6:00 Uhr morgens, Eastern Standard Time, erstellt. Im Allgemeinen wird ein Posting, das um 6:00 Uhr morgens erstellt wird, nur wenig Beachtung finden, da es nur die Frühaufsteher lesen. Nun haben wahrscheinlich viele Ravens-Fans nach dem Aufstehen die Facebook-Seite aufgerufen, sodass das Ganze sicher kein Totalausfall war. Aber was war mit den 49ers-Fans in San Francisco? In ihrer Zeitzone war es 3:00 Uhr morgens, als dieses Posting online ging. Drei Uhr morgens ist so ziemlich die schlechteste Zeit, um irgendetwas in den sozialen Medien zu posten. Selbst die Leute, die zwei Jobs haben, um über die Runden zu kommen, schlafen um 3:00 Uhr morgens. Natürlich schlafe auch ich um 3:00 Uhr morgens (wenn mein kleiner Sohn mich lässt). An der Westküste gab es keinen, der dieses Status-Update von Kit Kat las. Das ist ein gutes Beispiel dafür, dass die besten Bemühungen nicht zielführend sind, wenn einer Marke das richtige Verständnis für die Psychologie und das Verhalten der Social-Media-Nutzer fehlt. In diesem Fall ist es unheimlich schade, weil Kit Kat ansonsten einen so guten Job in diesem Bereich gemacht hat, dass andere Unternehmen sich ein Beispiel daran nehmen sollten.

LUKE'S LOBSTER: Fehlendes Logo

Ich mag diesen Ort. Nur meine Frau Lizzie weiß, wie sehr – einmal haben wir hier vier Tage hintereinander gegessen. Bei diesem Posting hat Luke's Lobster beim Text einen ganz guten Job gemacht. Aber da die Timeline des Unternehmens 365 Tage im Jahr voll mit Bildern von Hummersandwiches ist, wäre es eine nette Abwechslung gewesen, wenn sie in ihrem Muttertags-Posting irgendwie einen mütterlichen Aspekt gezeigt hätten. Diese Chance haben sie versäumt.

Das wirkliche Problem ist aber, dass derjenige, der das Posting nur schnell und beiläufig überfliegt, leicht denken könnte, das Posting sei von Cape Cod Potato Chips verfasst worden. Viele Marken posten Facebook- und Instagram-Fotos, auf denen nicht ihre eigenen Produkte zu sehen sind, und das ist o. k. – solange Sie Ihr Foto mit Ihrem Unternehmenslogo in einer gut sichtbaren Ecke versehen haben. Das sollten Sie wirklich tun. Immer.

DONORS CHOOSE: Ein solider Versuch

Viele gemeinnützige Organisationen müllen das Social-Media-Universum mit solchem Spam-Content zu, dass ein Posting wie das von Lil Wayne dagegen noch gut aussieht (siehe Seite 74). Dieser Content hat nicht die Markenbildungselemente oder viele der wichtigen Details, die ich von anderen Unternehmen verlangt habe. Allerdings machen nur wenige gemeinnützige Organisationen etwas anderes, als rechte Haken zu verteilen, indem sie um Spenden bitten oder Leute zu Fundraising-Galas einladen. Deshalb wollte ich Donors Choose meine Anerkennung dafür aussprechen, dass es diese Führhand eingesetzt hat. Tatsächlich werden von Donors Choose viele Status-Updates gepostet, die zeigen, dass Wert darauf gelegt wird, die Kunden immer wieder anzufüttern. Ich weiß nichts über diese gemeinnützige Organisation oder ihre Struktur, aber dieses Zitat scheint thematisch passend und auf ihre Mission bezogen zu sein. Sicher wirkt das Zitat auch etwas klischeehaft, aber wer weiß, vielleicht lesen die Marketingexperten von Donors Choose ja dieses Buch und lernen, wie sie den Content noch verbessern können. Und wenn sie schon dabei sind, können sie sich auch mehr um ihr Community-Management kümmern, das momentan kaum vorhanden ist. Wenn die Leute irgendwo einen ausgeprägten Sinn für Menschlichkeit erwarten, dann von einer gemeinnützigen Organisation.

INSTAGRAM: Ein Paradebeispiel, aber kein gutes

Erwartungsgemäß ist die Facebook-Seite von Instagram voll mit umwerfenden Bildern. Speziell dieses hier ist fantastisch. Es wurde einer Liste von Instagram-Nutzern beigefügt, die ihre Arbeit bei der Biennale in Venedig zeigen. Die Ankündigung selbst zeigt jedoch, dass Facebook nach der Übernahme von Instagram seinen neuen Mitarbeitern keine Anleitung gab, wie sie auf Facebook eine Story richtig erzählen können. Wie konnte eine Tochtergesellschaft von Facebook ein so textüberfrachtetes Bild posten? Es gibt nicht einmal eine Pointe oder einen Werbespruch. Instagram hätte ebenso gut ein Lehrbuch auf seine Timeline werfen und damit die gleiche Begeisterung wie mit diesem Posting erzielen können.

CONE PALACE: Lecker

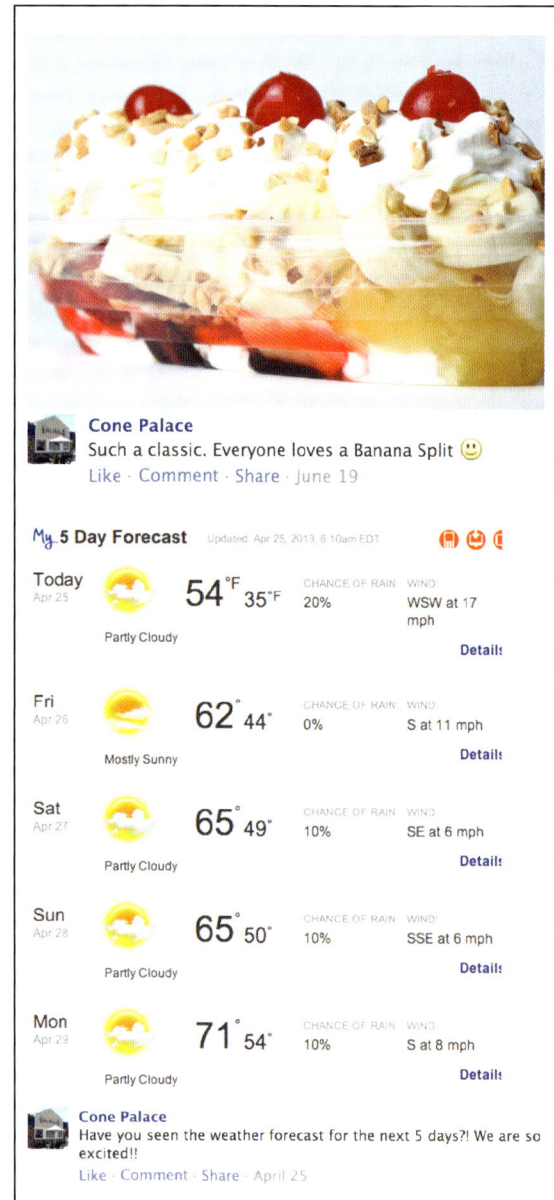

Ich muss mich bei Cone Palace dafür bedanken, dass es mir die Gelegenheit zu einem ausführlichen Kommentar dazu gegeben hat, wie eine goldrichtige Micro-Content-Strategie aussieht. Cone Palace ist in Kokoma, Indiana, eine Institution. Über das Essen kann ich aus eigener Erfahrung nichts sagen, aber wenn die Inhaber so sehr auf die Qualität und den Geschmack ihres Essens achten, wie sie auf ihre Facebook-Marketingstrategie achten, dann ist es nicht verwunderlich, dass sie bereits seit 1966 im Geschäft sind.

Als die Facebook-Seite des Unternehmens an den Start ging, gewann Cone Palace etwa 2.000 Fans, indem Werbung für ein großes Event gemacht und ein Rabatt von zehn Prozent geboten wurde. Auch wenn die Leute teilnahmen, um Teil der Community zu werden, blieben sie wahrscheinlich wegen des guten Contents. Cone Palace hat in Bezug auf seine Facebook-Seite einen hohen Anspruch. Vor jedem Posting fragt man sich: „Würde ich dieses Bild teilen, wenn ich es sehen würde?" Wenn die Antwort Nein lautet, wird es nicht gepostet. Diesem Beispiel sollten viele Marketingexperten folgen. Erwarten Sie nicht, dass die Erwartungen und Maßstäbe Ihrer Kunden niedriger als Ihre eigenen sind.

Die Postings von Cone Palace sind nicht kompliziert und es werden nur zwei Arten von Postings verfasst – Fotos der Speisen und Text-Postings, die Spezialitäten und neue Menüs ankündigen oder örtliche Events (darunter auch die Geburtstage von Leuten), das Wetter und Feiertage als Kontext für ihr Geschäft nutzen. Streng analytische Typen werden manchmal etwas misstrauisch sein in Bezug auf die anekdotenhaften, unwissenschaftlichen Methoden, mit denen Cone Palace seine Kapitalrendite misst, aber wenn das Unternehmen ein Foto von einem Hamburger mit Pommes Frites postet und die Fans in ihren Kommentaren schreiben, ihnen laufe das Wasser im Munde zusammen und sie kämen zum Mittagessen, darf man wohl sagen, dass der Content tatsächlich den Umsatz erhöht.

Und was für ein Content! Ursprünglich fotografierten die Mitarbeiter das Essen mit ihren iPhones. Dann stellten sie jedoch fest, dass immer dann, wenn sie ein Foto mit besonders guter Qualität hatten, die Interaktionen auf Facebook in die Höhe schossen. Also wurde für die Food-Fotografie ein professioneller Fotograf engagiert.

Keinesfalls würde ich jedem Unternehmen, insbesondere nicht einem kleinen Tante-Emma-Laden, empfehlen, einen professionellen Fotografen zu engagieren, damit dieser Fotos der Produkte für Social-Media-Content aufnimmt, denn das ist natürlich mit enormen Zusatzkosten verbunden. Aber insgeheim wünsche ich mir eben doch, dass jedes Unternehmen dies tun würde. Und Sie wissen ja: Wo ein Wille ist, da ist auch ein Weg. Haben Sie schon mal von Tauschhandel gehört? Das ist eine Idee, die wir ernsthafter in Erwägung ziehen müssen. Wenn ich an meinen Weinhandel zurückdenke – ich hätte problemlos Wein gegen professionelle Fotos von Weinetiketten austauschen können, wenn ich gewollt hätte. Wenn Sie ein kleines Unternehmen haben – als Schuhverkäufer, Rechtsanwalt, Elektriker oder vielleicht als Immobilienmakler –, können Sie eine Dienstleistung oder ein Produkt im Austausch für eine andere Dienstleistung oder ein Produkt anbieten, das Sie brauchen, wie zum Beispiel professionelle Fotos. Das wäre eine wirklich lohnende Investition. Ein schönes Foto Ihres Produkts macht einen Riesenunterschied. Blättern Sie weiter zu dem Bild der Apfeltasche auf Arby's Pinterest-Board auf Seite 144. Würden Sie lieber dort oder im Cone Palace essen?

Eine Sache hätte Cone Palace besser machen können: Als dieses idealtypische Foto eines Bananensplits durch den Newsfeed der Leute flitzte, wäre es gut gewesen, wenn die Nutzer unten im Bild oder links oben ein Cone-Palace-Logo gesehen hätten. Bin ich auf diesem Thema nun genug herumgeritten? BINDEN SIE IHR LOGO IN IHR BILD EIN! Hut ab vor einem Unternehmen, das herausgefunden hat, wie man ein halbes Jahrhundert lang innovativ ist und sich weiterentwickelt, und keine Zeichen der Ermüdung zeigt.

REGGIE BUSH: Menschlich sein

Ich will gleich mal geradeheraus sagen, dass Reggie Bush, wenn er immer noch für die Dolphins anstatt für die Lions spielen würde, es nie in dieses Buch geschafft hätte. Ich mag die Dolphins überhaupt nicht. Aber nun, da er ein Lion ist, kann ich ihn durchaus lobend erwähnen. Er verdient das.

Jede Facebook-Seite eines Prominenten sollte so viel Menschlichkeit und Empathie ausstrahlen. Mir gefällt, was Reggie Bush mit seiner Facebook-Timeline gemacht hat: Er bietet darin eine tolle Zusammenstellung von inspirierenden Zitaten, Familienfotos, Danksagungen an Leute, die er bewundert (sowohl prominente als auch nicht prominente) und persönlichen Überlegungen und Anekdoten. Durch diese bunte Mischung kommt er außergewöhnlich menschlich herüber. Dieses spezielle Foto ist nicht perfekt – das Blendlicht überdeckt eine der Zahlen. Er verwendet es aber richtig, um mit seiner Community zu interagieren, und macht es somit zu einer perfekten Führhand, die jeden rechten Haken unterstützen wird, den er in der Zukunft landet.

FRAGEN, DIE SIE SICH STELLEN MÜSSEN, WENN SIE FACEBOOK-MICRO-CONTENT ERSTELLEN

Ist der Text zu lang?
Ist er provokativ, unterhaltsam oder überraschend?

Ist das Foto beeindruckend und qualitativ hochwertig?

Ist das Logo sichtbar?

Haben wir das richtige Format für das Posting gewählt?

Ist die Handlungsaufforderung richtig platziert?

Ist das überhaupt für jemanden interessant? Echt jetzt?

Verlangen wir zu viel von der Person, die den Content wahrnimmt?

RUNDE 4:

HÖREN SIE AUF TWITTER GUT ZU

- Start: März 2006
- Mit Stand Dezember 2012 gab es in den Vereinigten Staaten über 100 Millionen Nutzer und weltweit 500 Millionen Nutzer.
- Das Twitter-Konzept entwickelte sich aus einem Brainstorming, das auf einer Rutsche auf einem Spielplatz in San Francisco stattfand.
- Das Unternehmenslogo, ein kleiner blauer Vogel, heißt offiziell Larry – nach Larry Bird, dem ehemaligen Spieler bei den Boston Celtics.
- JetBlue war eines der ersten Unternehmen, das anfing, Twitter für die Marktforschung und den Kundendienst zu verwenden.
- Die Nutzer posten 750 Tweets pro Sekunde.

DER KAMPF UM KUNDEN

Über Twitter spreche ich fast mit der gleichen Zuneigung wie über meine Kinder. So einen großen Einfluss hatte es auf mein Leben, seit ich 2007 anfing, es zu nutzen, um meine Kunden zu erreichen. Als extrovertierter Mensch, der einen Raum voller Leute in einigen wenigen Stunden kennenlernen kann, fühlte ich mich in Twitters 140-Wörter-Small-Talk-Umgebung wohl. Es war die Plattform, auf der ich mich heimisch fühlte, denn sie war perfekt geeignet für rasant schnelle Gespräche und einen spontanen Gedankenaustausch. Wenn die einzige Plattform, die mir Anfang 2006, als ich mit dem Versuch begann, Storytelling über mein Familienunternehmen, Wine Library, zu machen, zur Verfügung stand, ein ausgefeiltes Schreiben wie in einer Zeitschriftenkolumne oder in einem Blog erfordert hätte, dann wäre mein Unternehmen heute nicht das, was es ist. Twitter hat gerade mit seinen Beschränkungen das passende Umfeld geboten, in dem ich meine Stärken ausspielen konnte. Ich verdanke Twitter zumindest teilweise meine Karriere.

Es ist jedoch problematisch, Twitter in einem Buch zu besprechen, das die Verbesserung des Social-Media-Contents zum Thema hat, denn auf dieser Plattform, und zwar nur auf dieser Plattform, hat der Content oft viel weniger Bedeutung als der Kontext. Wie kann ich dies sagen, wenn Twitter für die junge Generation eine der Hauptquellen für Nachrichten und Informationen ist? Weil mit wenigen Ausnahmen, wie zum Beispiel dem spitzenmäßigen Micro-Content in Form von Grumpy Cat, der Erfolg einer Marke auf Twitter selten auf dem tatsächlichen Content basiert, den sie produziert. Eher korreliert er damit, wie viel wertvollen Kontext Sie dem Content hinzufügen – Ihrem eigenen und dem von anderen produzierten.

Bevor ich dies erkläre, muss ich darauf hinweisen, dass zu der Zeit, da ich dies schreibe, Veränderungen bei Twitter bevorstehen. Das Schöne an Twitter war bisher dank seiner Ursprünge als mobiler Textnachrichtendienst seine Einfachheit – zwei oder drei Textzeilen, ein Link und vielleicht ein Hashtag. Aber Ende 2012 kaufte das Unternehmen Vine, einen Videoservice für sechs Sekunden dauernde Videoschleifen. Zudem ermöglichen Innovationen wie Twitter Cards den Leuten jetzt, Fotos, Videos und Musik direkt an ihre Tweets anzuhängen und auf diese Weise die Vorteile anderer visuell aufregenderer Plattformen wie Facebook und Pinterest einzubinden. Diese stärkere visuelle Ausrichtung wird es Unternehmen erleichtern, Content so zu liefern, dass er für Twitter frisch und einzigartig ist. Sie könnten zum Beispiel ein Puzzleteil twittern und ankündigen, dass Sie beim tausendsten Retweet ein weiteres Puzzleteil twittern. Sobald alle Teile getwittert sind, könnte das Puzzle zeigen, wohin die Leute gehen können, um einen 25-Dollar-Geschenkgutschein zu bekommen. Es wird

Spaß machen, neue Methoden zu finden, mit denen man auf kreative Weise Führhände und rechte Haken in einem solchen bunten, mobilgeräteaffinen Medium einsetzen kann.

Aber das ist alles gerade noch im Aufbau. Und ich bin mir noch nicht einmal sicher, ob die Facebookifizierung von Twitter einen so großen Unterschied für diejenigen Marken machen wird, die dort noch keine Zugkraft gewonnen haben. Denn der zusätzliche Schnickschnack wird Marketingexperten nicht zwingen, ihre tatsächliche Nutzungsweise der Plattform zu ändern. Hoffentlich leistet aber dieses Kapitel einen Beitrag dazu.

Der Hauptfehler, den die meisten Marketingexperten machen, besteht darin, Twitter vorwiegend als eine Erweiterung ihres Blogs zu verwenden, indem sie einen Link zu Content reinsetzen, den sie bereits an anderer Stelle gepostet haben. Oft nutzen sie Twitter auch zum Angeben, insbesondere durch das Retweeten positiver Aussagen, die über ihr Unternehmen gemacht wurden. Ich nenne diese neue Form von Prahlerei durch die Hintertür auch „Vögelchen-Angeberei". Es gibt eine Zeit und einen Ort für beide dieser Arten von rechten Haken, aber keineswegs in dem Ausmaß, wie die meisten Unternehmen meinen. Twitter belohnt vor allem diejenigen, die zuhören und geben, nicht diejenigen, die fragen und nehmen. Das Lesen eines Twitter-Feeds bedeutet die meiste Zeit, eine todlangweilige Abfolge rechter Haken zu lesen. Und doch, wenn es jemals eine Plattform gab, wo Interaktion und Community-Management wichtig sind, dann ist es diese. Auf Twitter wird viel geredet und verkauft, aber es gibt nicht genug Interaktion, und das ist lächerlich, denn Twitter ist das Small-Talk-Event im Internet – ein Ort, wo es enorm vorteilhaft ist, gut zuzuhören.

DREHEN SIE IHRE GESCHICHTE ZURECHT

Wenn die Hauptwährung von Facebook Freundschaft ist, dann besteht diejenige von Twitter aus Nachrichten und Informationen. Gehen Sie auf Twitter und Sie sehen 85 Leute und Marken, die gleichzeitig verkünden, dass Brangelina wieder schwanger ist oder es wieder einen Tornado in Oklahoma gegeben hat. Jeder kann dort Nachrichten präsentieren, Ihr Produkt oder Ihr Service ist für sich genommen jedoch nur ein kleiner Tropfen in der Sintflut von Informationen, die über die Leute schwappt, wenn sie auf die Website kommen. Nur durch einzigartigen Kontext können Sie sich von den anderen abheben und das Interesse der Leute gewinnen. Auf Twitter ist man nicht erfolgreich, indem man Nachrichten oder Informationen verbreitet – es geht darum, die Nachrichten wie ein DJ zu präsentieren. Nachrichten haben nur wenig Wert an sich, aber wenn der Marketingexperte es schafft, sie in seinem eigenen typischen Stil zurechtzudrehen, zu interpretieren und zu präsentieren, kann er oft eine Story erzählen, die eine stärkere Wirkung hat und einprägsamer ist als die tatsächlichen Nachrichten selbst.

Wenn Sie zum Beispiel ein Kino in Minneapolis haben, könnten Sie twittern: „Gerade reingekommen – eine positive Rezension von Bradley Coopers neuestem Film in der *Star Tribune*." So twittert man üblicherweise – etwas Content, ein Link zu einer Website und fertig. Aber wie wäre es, wenn Sie sich bei der Aktion etwas mehr Mühe geben würden? Wie wäre es, wenn Sie statt der langweiligen Fakten etwas Neues bieten würden? Wäre es nicht viel interessanter, wenn Sie twittern „Die *Star Tribune* ist verrückt geworden. Dieser Film ist Mist!" und dann den Link ergänzen? Nun hat dieser Einsatz der Führhand etwas mehr Schwung. Kann es sein, dass es Ihrem Umsatz schadet, wenn Sie etwas in die Pfanne hauen, was Sie verkaufen? Auf Wine Library TV habe ich jedenfalls viele Weine, die es in meinem Shop zu kaufen gab, schlecht rezensiert und es hatte nur den Effekt, dass die Leute mir eher vertrauten. Aber wenn Sie deshalb echte Bedenken haben, können Sie Ihre negative Rezension auch positiv verpacken mit einem Tweet wie diesem: „Die *Star Tribune* mag den neuen Thriller von Bradley Cooper. Wir denken, dass dieser Film Mist ist. Lesen Sie den Artikel. Schauen Sie sich den Film an. Reden Sie mit." Sie verlinken dann auf Ihren Blog, wo man nicht nur die Rezension findet, sondern auch die monatlichen Treffpunkte und Termine Ihres Filmklubs. Das ist ein ausgezeichneter rechter Haken. Sie haben sich nun als eigensinniges, provokatives Kino positioniert, das seinen Besuchern ein einzigartiges Filmerlebnis bietet, und diese Story werden die Leute gerne verfolgen.

Heute haben Unterhaltung und die Flucht aus der Wirklichkeit einen sehr hohen Stellenwert. Die Verbraucher wollen Infotainment, keine Informationen. Informationen sind billig und reichlich verfügbar; in eine Story gepackte Informationen sind hingegen etwas Besonderes. Marken müssen um ihren Content herum eine Story erzählen, um ihn interessant zu machen, und ihn nicht nur wie eine langweilige Käseplatte für den passiven Konsum bereitstellen.

ERWEITERN SIE IHR UNIVERSUM

Machen Sie ein Statement, nehmen Sie eine Position ein, erheben Sie Ihre Stimme – auf diese Weise füttern Sie erfolgreich Twitter-Follower an. Aber was ist mit all denjenigen, die noch nie von Ihnen gehört haben? Wie können Sie diese Leute erreichen?

Neben der leichten Nutzung auf Mobilgeräten, die Twitter bietet, hebt es sich auch insofern von anderen sozialen Medien ab, als es uns offen einlädt, die Welt im Großen und Ganzen anzusprechen. Auf Facebook, Tumblr oder Instagram haben Sie nur zwei Optionen, wenn Sie neue Fans und potenzielle Kunden treffen wollen. Erstens könnte jemand Sie außerhalb des Internets über ein Seminar, ein Buch, eine Anzeige oder ein lokales Ladengeschäft finden und entscheiden, Ihnen zu folgen. Zweitens könnte ein Kunde oder eine Kundin Ihren Content teilen und sein/ihr Freund könnte ihn sehen und so neugierig werden, dass er Ihnen folgt. In beiden Fällen stehen Sie draußen und warten darauf, dass diese Person Sie hereinlässt. Selbst die Suchmaschine von Facebook, Open Graph, ermöglicht Ihnen nur Zugang zu Storys und Gesprächen, die öffentlich geteilt wurden. Ansonsten bleiben Sie außen vor.

Für Twitter-Nutzer gilt jedoch der Grundsatz der offenen Tür (abgesehen von einer sehr kleinen Anzahl an privaten Profilen) – sie nutzen die Plattform in dem Wissen, dass ihre Tweets öffentlich sind. Tatsächlich liegt darin die Zugkraft. Die Leute auf Twitter suchen Aufmerksamkeit; sie begrüßen die spontanen Gespräche, die sich aus einem Tweet ergeben können. Leute aus aller Welt, die einander nicht kennen und von denen viele sich nie persönlich begegnen werden, konnten solide Online-Communitys aufbauen, deren Basis ausschließlich das gemeinsame Interesse an Seepferdchen oder Wrestling ist. Und den Leuten gefällt es, dass Twitter es Unternehmen ermöglicht hat, ihren Kundendienst zu verbessern. Wenn sie die Aufmerksamkeit einer Marke auf sich ziehen wollen, müssen sie nur ihren Namen erwähnen und bekommen prompt eine Reaktion, denn diese Marke ist da draußen präsent, kommuniziert mithilfe von Twitter mit ihren Kunden und baut eine Community auf.

Tatsächlich ist Letzteres eine Wunschvorstellung. Viele Unternehmen achten leider immer noch nur halbherzig auf die Online-Gespräche, die über sie geführt werden. Damit verzichten sie auf die Kontrolle über die Wahrnehmung ihrer Marke und ermöglichen es Konkurrenzunternehmen, sich einzuschalten und das Gespräch zu ihrem Vorteil zu gestalten. Zum Glück gibt es ein Buch, das detaillierte Erklärungen bietet, warum und wie Twitter eines der effektivsten Kundendienst-Instrumente ist. Es ist mein letztes Buch *Die Thank You Economy*. Lesen Sie es, es ist gut. (War das nicht ein schöner rechter Haken?)

Spaß beiseite, Twitter ist ein wahr gewordener Traum für Marketingexperten, weil Twitter es Ihnen ermöglicht, eine Beziehung zu Ihrem Kunden einzugehen. Es ist immer noch die einzige Plattform, wo Sie sich ohne Ankündigung in ein Gespräch einschalten können, ohne dass Sie für einen Stalker gehalten werden. Hier müssen Sie nicht darauf warten, dass jemand Ihnen die Erlaubnis gibt, Ihr Interesse zu zeigen. Sie können jederzeit die starke Twitter-Suchmaschine verwenden, um Leute zu suchen, die über Themen mit (wenn auch nur entferntem) Bezug zu Ihrem Geschäft reden. Dann können Sie darauf reagieren, indem Sie Ihre Perspektive und Ihren Humor – und Kontext – ins Gespräch einbringen.

Ein Büromöbelhersteller braucht nicht viel Fantasie, um mit Leuten zu interagieren, die den Firmennamen oder Wörter wie *Arbeit, Angestellter, Arbeitgeber, Büro, Schreibtisch, Bürostuhl, Drucker, Scanner* und andere bürobezogene Begriffe erwähnen. Denken Sie aber auch daran, auf welche interessante Weise er mit Leuten interagieren könnte, die folgende Begriffe im Kopf haben: *Abgabetermin, Rückenschmerzen, fluoreszierend, Happy Hour, Gehaltserhöhung, Beförderung, Wochenende, Drehgelenk* oder *Durcheinander*.

Wenn Sie die Twitter-Suchmaschine auf diese Weise verwenden, hilft Ihnen das, Gelegenheiten zum Storytelling bei Leuten zu finden, die Sie entweder schon kennen oder die Interesse an mit Ihrem Produkt oder Ihrer Dienstleistung verwandten Themen bekundet haben. Aber was ist mit all den Verbrauchern da draußen, die begeistert von Ihnen wären, wenn Sie von Ihrer Existenz wüssten? Twitter ermöglicht es Ihnen, auch sie zu erreichen. Sie müssen nur wissen, wie Sie dem kulturellen Zeitgeist folgen.

AUF DEN BESTEHENDEN TREND AUFSPRINGEN

In dieser geschwätzigen Online-Kultur, in der man rund um die Uhr und sieben Tage die Woche präsent sein muss, gibt es kein besseres Hilfsmittel als Twitter-Trends, um sowohl Echtzeit-Kontext als auch den aktuellen Content zu schaffen, der unbedingt erforderlich ist, wenn man relevant bleiben will. Die Fähigkeit von Twitter, Trends zu verfolgen, ist eines der stärksten, wenn auch zu wenig genutzten Instrumente der sozialen Medien. Sie können Ihren Account so einstellen, dass Sie weltweite, nationale oder sogar regionale Trends verfolgen. Wenn Sie lernen, Trends für Ihre Werbeaktionen zu nutzen, gibt Ihnen das eine enorme Macht. Sie können Content auf jede Situation und jede Bevölkerungsgruppe abstimmen, Sie können Interesse an Ihrem Produkt oder Ihrer Dienstleistung bei Leuten außerhalb Ihrer Kerngruppe von Followern wecken, und Sie können Ihre Zuwendung anpassen. Das Beste ist, dass Sie sich auf den Content von anderen stützen können, sodass Sie nicht darauf angewiesen sind, jeden Tag neue Ideen zu haben. Sie stellen immer noch Original-Content ein, aber in diesem Fall ist Ihr Content der Kontext, den Sie verwenden, um Ihre Story zu erzählen.

Am Abend, bevor ich anfing, dieses Kapitel zu schreiben, wurde die letzte Folge der Fernsehserie *30 Rock* gesendet. Als ich am nächsten Tag die Twitter-Seite aufrief, war die Serie erwartungsgemäß in der Liste der Top-10-Trendthemen für die Vereinigten Staaten. Wenn die Verbraucher Lust hatten, über *30 Rock* zu reden, dann hätten sich die Marketingexperten ja eigentlich darum drängen müssen, auch ihre Story im Kontext von *30 Rock* zu erzählen. Könnte das Sprechen über eine abgesetzte Fernsehserie Ihnen wirklich dabei helfen, mehr Süßigkeiten, Brecheisen oder Käsebällchen zu verkaufen? Durchaus, wenn Sie kreativ genug sind. Wenn Sie eine Marke sind, die versucht, auf der *30-Rock*-Welle zu reiten, käme es darauf an, nach den unerwarteten Bezügen zu suchen, nicht nach den offensichtlichen. Ein Bezug wäre zum Beispiel die Zahl Sieben. Die Fernsehserie wurde sieben Jahre lang gesendet. Ist Ihr Unternehmen sieben Jahre im Geschäft? Hoffen Sie, etwas sieben Jahre lang tun zu können? Haben Sie die Zahl Sieben in Ihrem Firmennamen? Bei einer Marke ist dies der Fall: bei 7 For All Mankind, einem Hersteller von Premium-Jeansbekleidung (manchmal werden die Jeans auch mit dem Spitznamen „sevens" bezeichnet), die oft von Hollywood-Schauspielern getragen wird. Da ich neugierig war, wie die Marke sich das kostenlose Geschenk der Twitter-Sphäre an ihre Marketingabteilung zunutze gemacht hatte, entschloss ich mich, mir ihre neuesten Tweets anzuschauen.

Ein Blick auf die Twitter-Seite von 7 For all Mankind (@7FAM) am Tag nach der letzten Folge von *30 Rock* zeigte eine gewisse Kundeninteraktion (das ist schon mehr, als einigen Unternehmen gelingt, also Hut ab). Es folgte eine Reihe von Retweets, mit denen die Nettigkeiten, die die Leute über die Modelinie der Firma gesagt hatten, geteilt wurden (weniger toll, denn das ist „Vögelchen-Angeberei", wie man sie von zu vielen Marken kennt). Und schließlich kam eine Abfolge traditioneller rechter Haken wie „Ich mag ein gutes Leder-T-Shirt" mit einem Link auf die Produktseite. Es gab jedoch nirgends einen

Hinweis darauf, dass die Marke eine Ahnung davon hatte, was außerhalb der Modewelt los war. Das entbehrte nicht einer gewissen Ironie – gibt es eine andere Branche, die so sehr auf Trends fixiert ist wie die Modebranche? Eine der erfolgreichsten Fernsehshows des Jahrzehnts war gerade nach sieben Jahren Laufzeit abgesetzt worden, und 7 For all Mankind erwähnte es nicht mal. Jeansliebhaber können die Marketingexperten jeden Tag ansprechen, aber an diesem Tag hatten sie eine perfekte Gelegenheit, ihre Story Leuten zu erzählen, die nicht mal an Jeans dachten, und dann ließen sie die Gelegenheit verstreichen. Noch peinlicher ist, dass sie offenbar alle diese guten Gelegenheiten verstreichen lassen. Sie haben es nicht nur versäumt, auf den *30-Rock*-Trend aufzuspringen. Ihr Twitter-Stream zeigte auch, dass sie sich überhaupt keine Nachrichten oder aktuellen Ereignisse zunutze machten – abgesehen von Nachrichten über Gewinnspiele, Werbegeschenke und Sonderangebote ihres eigenen Unternehmens. 7 For all Mankind ist ein boomendes Unternehmen, das ein tolles Produkt verkauft – anderenfalls hätte es nicht die Fangemeinde, die es in den zehn Jahren seit seiner Gründung gewonnen hat. Und auch wenn es seinem Twitter-Profil an kultureller Relevanz fehlt, bemüht sich das Unternehmen ernsthaft darum, mit seinen Followern zu interagieren und im Hinblick auf sein Produkt im Gespräch zu bleiben. Aber das ist Twitter-Einmaleins, wie es 2008 aktuell war. Inzwischen sollte es deutlich mehr tun. Zum Glück ist das Unternehmen führend in der Modebranche (deshalb dachte ich auch, dass es mit etwas konstruktiver Kritik umgehen könnte); wenn das Unternehmen kleiner wäre und gerade angefangen hätte, könnte es sich durchaus geschäftsschädigend auswirken, dass Gelegenheiten, die eigene Story außerhalb der Parameter von Jeans oder Mode zu erzählen, immer wieder versäumt werden. Die Verbraucher leben nicht in einer weltfremden Modeblase; warum also sollte ein Bekleidungshersteller das tun?

PROMOTED TWEETS

Kontext um Trend-Hashtags herum zu schaffen erfordert nur einen gewissen Zeitaufwand, aber es kann auch eine gute Investition sein, einen Promoted Tweet zu kaufen. Am selben Tag, als *30 Rock* zum Trend wurde, galt dies auch für #GoRed, denn die American Heart Association sponserte den National Wear Red Day, um das Bewusstsein für den Kampf gegen Herzkrankheiten zu wecken. Über dem Hashtag befand sich eine Anzeige für Tide-Waschmittel mit dem Text: „Es ist verrückt, wie Tide hartnäckige Flecken beseitigt, aber was ist mit den Flecken, die Sie behalten wollen?" Aha. Es geht um Farbe. Mit #GoRed sah Tide eine Gelegenheit, auf seine farbschützenden Eigenschaften aufmerksam zu machen. Das ist eine kluge Verwendung eines Hashtags. Es hatte einen Micro-Aspekt, es war nicht teuer und es machte Eindruck. Denken Sie darüber nach. Die Verbraucher verbringen zehn Prozent ihrer Zeit mit Mobilgeräten und es gibt keine mobilere Plattform als Twitter. Doch trotz all der Aufmerksamkeit, die Twitter bei den Verbrauchern weckt, kostet das Platzieren einer Anzeige dort immer noch bloß ein Taschengeld im Vergleich zum Preis eines Fernsehwerbespots. Hier hat Tide sein Werbebudget klug verwendet. So viele Unternehmen hätten diese Gelegenheit nutzen können. Wo war der Buntstifthersteller Crayola? Wo war der Discounteinzelhändler Target mit seiner großen roten Zielscheibe? Oder der Geschenkversand Red Envelope?

WIE MAN TRENDS VERWENDET, UM RECHTE HAKEN ZU LANDEN

Trendthemen können Namen oder aktuelle Ereignisse, aber auch Meme sein – Wörter und Sätze, die in der öffentlichen Sphäre viral geworden sind. Das sind leicht erreichbare Dinge, perfektes Storytelling-Material für jede Marke und jedes Unternehmen, insbesondere für lokale Unternehmen, die sich auf lustige, kreative Weise von ihren Konkurrenten abheben wollen.

An einem der Tage, an denen ich an diesem Kapitel arbeitete, stand #sometimesyouhaveto auf Twitter bei den Trendthemen an fünfter Stelle. Es gibt keine bessere Einführung für einen rechten Haken. Buchstäblich jeder könnte es an seine Bedürfnisse anpassen.

Ein Käsegeschäft könnte sagen: „#Sometimesyouhaveto eat a slice of Cabot clothbound Cheddar." – „Manchmal müssen Sie eine Scheibe Cabot Clothbound Cheddar essen."

Ein Fitnessklub könnte sagen: „#Sometimesyouhaveto use the sauna as incentive." – „Manchmal müssen Sie die Sauna als Anreiz verwenden."

Ein Anwalt könnte sagen: „#Sometimesyouhaveto call a lawyer to make your problem go away." – „Manchmal müssen Sie einen Anwalt anrufen, um Ihr Problem zu beseitigen."

Besonders kleine Unternehmen können Aufmerksamkeit gewinnen, indem sie sich Hashtags zunutze machen. Dieser Trend-Hashtag wird von Zehntausenden von Leuten angeklickt. Es gibt keinen Grund, warum jemand Ihre Version nicht entdecken, sie gut finden und Ihre Profilseite besuchen sollte, um zu sehen, was Sie sonst noch zu sagen haben. Sobald er dort ist, kann er die ganze Story sehen, die Sie mit einer ständigen Abfolge von Führhänden und gelegentlichen rechten Haken über sich erzählt haben. Er entschließt sich, Ihnen zu folgen. Vielleicht braucht er ja einen Anwalt. Vielleicht hat er auch Grund zu der Annahme, dass er eines Tages einen Anwalt brauchen wird. Wie auch immer, Sie sind nun viel näher dran, einen neuen Kunden zu gewinnen, wenn der richtige Zeitpunkt gekommen ist.

So könnte es auch für einen DJ in Miami namens DJ Monte Carlo ablaufen. Als ich auf seinen Trend-Hashtag klickte, entdeckte ich seinen Tweet: „#SometimesYouHaveto forgive those who hurt you but never forget what it taught you." – „Manchmal müssen Sie jemandem vergeben, der Sie verletzt hat, aber vergessen Sie nie, was Sie daraus gelernt haben."

Das hat mir gefallen. Es hat mein Gefühlszentrum angesprochen. Ich entschloss mich, ihm zu folgen, und er tauchte in meinem Twitter-Stream auf, wo mein Kollege Sam es sehen konnte. Ich gehe nicht oft in Klubs, aber Sam tut das durchaus. Vielleicht entschloss sich auch Sam, DJ Monte Carlo zu folgen. Und vielleicht wird Sam in sechs Monaten

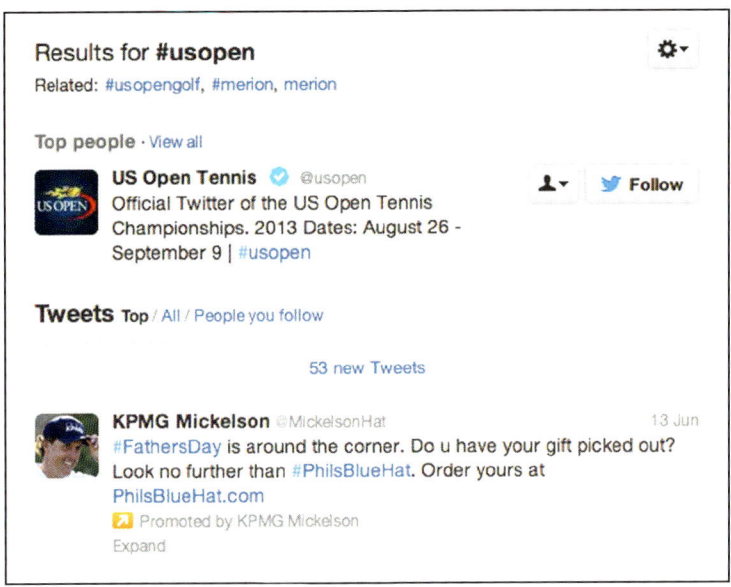

durch seinen Twitter-Feed scrollen und erleben, wie Monte Carlo durch die Ankündigung, dass er an diesem Abend in einem Klub in New York auflegt, einen rechten Haken landet. Und vielleicht wird Sam sich auch entschließen, dorthin zu gehen.

Haben Sie es begriffen? Das ist kein weit hergeholtes Szenario; so funktioniert die Twitter-Kultur jeden Tag. Werden Sie also kreativ, haben Sie Spaß und fangen Sie an, sofort Content zu schaffen. Die Trendthemen, die Sie in der einen Minute sehen, werden nämlich in der nächsten Minute wieder weg sein. Sie haben nur eine kurze Lebensdauer.

Im Übrigen müssen Sie sich darüber klar sein, dass ein Thema durchaus auch Aufmerksamkeit verdienen kann, wenn es nicht unter den Top-10-Trends auf Twitter zu finden ist. Die demografische Gruppe, die auf Twitter zugange ist, besteht vorwiegend aus Leuten, die man als hip und urban bezeichnen kann. Allerdings sind dies nicht die Einzigen, die sich im Internet unterhalten. Sie sollten auch darauf achten, wofür der Rest der Welt sich interessiert. Suchen Sie auf Google Trends nach Hinweisen. Auch hier sind, wie bei allen Online-Daten, eher die Jüngeren vertreten, aber es reflektiert eine breitere Bevölkerungsschicht. Während des Golfturniers U.S. Open im Jahr 2013 war der Hashtag „#usopen" erwartungsgemäß ein Trend auf Twitter. Als Reaktion darauf erschien auf KPMG Mickelson, dem „offiziellen Twitter-Account für Phil Mickelsons Mütze", ein Tweet für die Follower des Hashtags. Darin wurden Golf-Fans dazu aufgefordert, am Vatertag ihre Väter durch den Kauf einer blauen Phil-Mickelson-Mütze zu ehren, wobei die Erlöse aus den Verkäufen einer gemeinnützigen Organisation zur Bekämpfung des Analphabetentums zugutekommen sollten. KPMG Mickelson verwendete zwar nicht den Hashtag „#usopen" (da KPMG kein offizieller Sponsor des Events ist, kann es durchaus sein, dass die Rechtsabteilung des Unternehmens dies untersagte), aber durch strategisches

Sponsoring erschien ihr Tweet dennoch bei jedem, der diesen Hashtag eingab, an erster Stelle. Sie trafen zudem eine kluge Wahl, was den Hashtag anging, den sie verwendeten – er lautete „#fathersday".*

Dieses Beispiel zeigt, dass KPMG Mickelson etwas tat, was nicht allzu viele Unternehmen auf Twitter tun: Die Marketingexperten hörten zu. Es ist extrem schwierig, einen Trend-Hashtag zu schaffen und die Leute anzulocken. Viel besser ist es, zuzuhören, aktuelle Trends zu finden und auf die Leute zuzugehen. In diesem Fall führten die Golf-Fans bereits ein Gespräch. Indem KPMG den Tweet einbrachte, sorgte das Unternehmen dafür, dass es Teil dieses Gesprächs wurde. Es war doppelt klug, den Tweet zudem in den Vatertags-Stream einzubinden.

```
United States Trends · Change
#Is1DLarryRealOrFake
#Yeezus
Father's Day
#Iran
#usopen
#ManOfSteel
Superman
MySpace
Kanye
Dad
```

Dieses Lob ist allerdings mit zwei Einschränkungen verbunden:

1. Die Marketingexperten von KPMG beteiligten sich erstaunlicherweise zwar auf korrekte Weise an Trendgesprächen, führten unnötigerweise aber auch den Hashtag „#PhilsBlueHat" in ihren Tweet ein. Wie kam der von ihnen selbst erfundene Hashtag an? Gerade einmal drei Leute verwendeten ihn in den drei Tagen, die auf KPMGs Original-Tweet folgten. Das ist peinlich.
2. Der Link in dem Tweet führt die Verbraucher nicht direkt auf die Seite, wo sie kaufen könnten. Er führt zu KPMGs „Phil's Blue Hat"-Website, wo man erst noch einmal weiterklicken muss, um den Hut zu kaufen. Wenn man nach einer Handlungsaufforderung zusätzliche Schritte einbaut, verschwendet man die Zeit des Verbrauchers.

Ob Sie nun die Führhand oder den rechten Haken einsetzen, Marketingmaßnahmen wie diese beweisen, dass Sie auf dem Laufenden sind, dass Sie Humor haben und vor allem, dass Sie aufmerksam sind. Sie können sich gar nicht vorstellen, welchen hohen Stellenwert das bei der Kaufentscheidung der Verbraucher einnimmt.

---

*) Beachten Sie, dass Twitter den Leuten, die sich für diesen Hashtag interessieren, vorschlägt, dem „U.S. Open"-Tennisturnier und nicht dem „U.S. Open"-Golfturnier zu folgen. Ich weiß nicht, ob das für die Social-Media-Kompetenz des Veranstalters des „U.S. Open"-Tennisturniers oder eher für die Unzulänglichkeit des Veranstalters des „U.S. Open"-Golfturniers spricht oder ob es nicht eine riesige Lücke in Twitters Algorithmus aufdeckt.

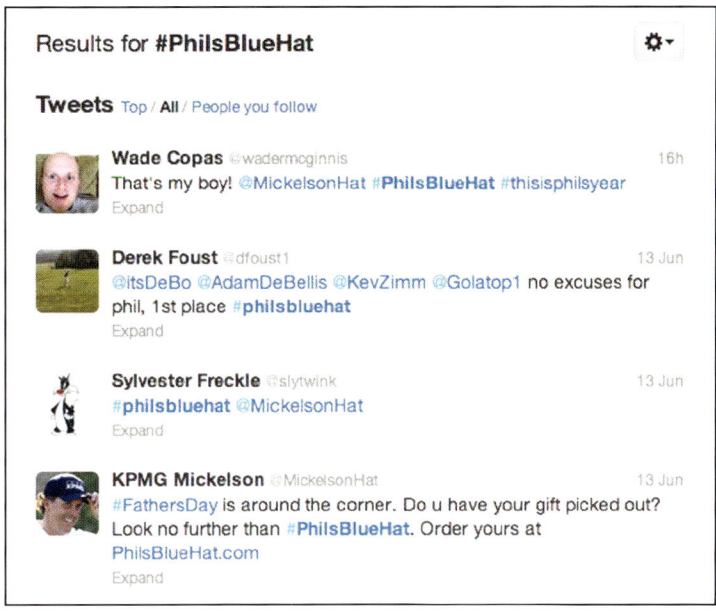

WÄHLEN SIE HASHTAGS SORGFÄLTIG AUS

Die Auswahl von Hashtags erfordert ein gewisses Geschick. Sie können nicht einfach alle Ihre Zielgruppen abdecken, indem Sie nur einen Haufen Hashtags an Ihre Sätze hängen. Sie werden nicht funktionieren, wenn sie nicht auf die Twitter-Plattform abgestimmt sind und gleichzeitig zu Ihrer Marke passen.

Twitter ist beispielsweise eine Plattform, wo Ironie besonders gut ankommt. Wenn Ihr natürlicher Ton im Allgemeinen jedoch seriös und überlegt ist, wirken Sie nur wie ein Angeber bei dem Versuch, Ihre Hashtags mit Ironie zu würzen oder plötzlich Hipster-Vokabular zu verwenden. Coolness ist keine Frage des Alters; es hat vielmehr damit zu tun, wie solide Ihre Identität ist. Geben Sie nicht vor, jemand anderes zu sein, als Sie sind. Nehmen Sie sich aber auch nicht zu ernst. Seien Sie einfach menschlich. Wenn es Ihnen nicht leichtfällt, in der Popkultur mitzureden, dann suchen Sie jemanden in Ihrem Unternehmen oder tun Sie sich mit einer Agentur zusammen, die sich damit auskennt. Was auch immer Sie tun, bleiben Sie sich treu. Geben Sie nicht vor, cooler zu sein, als Sie sind. Seien Sie nicht der Typ, der ein Jahr zu spät rief: „Bringt die Wände zum Wackeln!" So klingt es nämlich, wenn Sie Hashtags und Trendthemen wahllos als Marketingtaktiken verwenden, anstatt sie überlegt in Ihr Gespräch einzustreuen. Hören Sie zu. Unterhalten Sie die Leute mit Humor oder Provokation.

Einzelunternehmer und kleinere Firmen werden vielleicht die viele Arbeit sehen, die mit einer Präsenz bei Twitter verbunden ist, und sich fragen, ob sie es nicht einfach sein lassen sollten. Mit größeren Unternehmen, die über umfangreiche Werbebudgets und mehr Personal verfügen, können sie ohnehin nicht konkurrieren. Schließlich muss der Mensch manchmal auch schlafen. Ja, es ist eine enorme Aufgabe, Echtzeit-Micro-Content zu schaffen. Ja, Start-ups und kleine Unternehmen müssen sich sehr gut überlegen, bei welchen Trends es sich lohnt, Zeit und Geld zu investieren. Wenn Sie jedoch Ihre Energien in diese Denkweise stecken, dann wird das Ihrer Bilanz deutlich mehr bringen, als wenn Sie nur blöd herumsitzen und darauf warten, dass die Kunden zu Ihnen kommen. Und es ist viel besser, als Content zu twittern, der weder gesehen wird noch Interesse findet.

Als kleines Unternehmen können Sie sich einen Vorteil gegenüber größeren Unternehmen verschaffen, wenn es darauf ankommt, beweglich und authentisch zu sein. Beides ist unerlässlich für ein erfolgreiches Twitter-Marketing. Da Ihre Persönlichkeit noch nicht von einer PR- oder Rechtsabteilung zurechtgestutzt wurde, haben Sie mehr Freiheit, zu sagen, was Sie denken, Humor an unerwarteten Stellen zu suchen und selbstironisch zu sein. Letzteres wirkt wahre Wunder. Ich habe kürzlich in einem Interview für die Zeitschrift *Inc.* zugegeben, dass ich bis zu meinem zwölften Lebensjahr ins Bett gepinkelt habe. Können Sie sich vorstellen, dass jemand in einem Fortune-500-Unternehmen so persönlich oder respektlos wird? Ich kann es mir jedenfalls nicht vorstellen. Die Leute mögen es, wenn Sie Ihre Menschlichkeit und Verletzlichkeit zeigen. Vielleicht stehen Sie als Leichtgewicht einem Schwergewicht gegenüber, aber Sie können das Leichtgewicht sein, das um 3:00 Uhr morgens aufwacht, ein paar rohe Eier trinkt und zwei Stunden im Fitnessstudio verbringt, bevor der Wecker des Gegners klingelt. Die Leute werden merken, dass Sie sich bemühen, und das wird einen Unterschied machen.

DAS UNERMESSLICHE MESSEN

Wenn Sie wissen wollen, wie solche Bemühungen aussehen, werfen Sie einen Blick auf das Gespräch von Levi Lentz mit Green Mountain Coffee (volle Offenlegung: Green Mountain Coffee Roasters ist zur Zeit der Veröffentlichung dieses Buches ein Kunde von VaynerMedia). Green Mountain Coffee hat sich weit jenseits seines komfortablen Kaffee-Geschäftsfeldes aus dem Fenster gelehnt; anderenfalls hätte es Lentz' Tweet gar nicht gesehen. Lentz twitterte nur folgende Zeile: „,Say Hey' von Michael Franti ist einer meiner Lieblingssongs."

Zu seiner Überraschung bekam er eine Erwiderung vom Original-Twitter-Account der Firma Green Mountain Coffee mit dem Wortlaut: „Wir lieben diesen Song! Er ist motivierend, oder?"

Oberflächlich betrachtet gibt es keine Verbindung zwischen dem Thema Kaffee und dem lebhaften Lovesong, den Lentz sich anhörte. Die Aktion von Green Mountain ist reiner Storytelling-Kontext – wir sind eine Marke, die dieselbe Musik mag wie Sie. Nun ja, was Lentz nicht wusste: Michael Franti arbeitete mit Green Mountain Coffee an einer Fair-Trade-Kampagne zusammen. Es gab also tatsächlich einen Grund, warum Green Mountain so daran interessiert war, mit diesem Tweet zu interagieren. Die Tatsache, dass Lentz es nicht äußerst bizarr fand, von einer Marke zum Thema Musik angesprochen zu werden, zeigt, wie empfänglich die Leute gegenüber Marken sind, die sich an die Verbraucher wenden.

Kaffee wurde nicht erwähnt, bis Lentz das Thema ansprach, indem er Green Mountain höflich erzählte, dass er erst kürzlich seine Vorliebe für Kaffee entdeckt habe. Deshalb habe er die Produkte des Unternehmens nie probiert, werde dies aber definitiv nachholen. Green Mountain befragte ihn über seine Kaffeevorlieben und gab ihm ein paar Empfehlungen. Das Gespräch endete damit, dass Lentz von Green Mountain um seine Adresse gebeten wurde, damit man ihm eine Michael-Franti-CD schicken konnte, einfach so.

Lentz wusste, dass das Ganze eine Werbeaktion war, aber es war ihm egal. Aus heiterem Himmel hatte eine Marke ein angenehmes Gespräch angefangen, ihm einige Informationen gegeben, die er gesucht hatte, und angeboten, ihm ein Geschenk zu schicken. Natürlich schrieb er in seinem Blog darüber. Dann schrieb er ein paar Tage später noch einmal darüber, als er die CD mit der Post bekam – zusammen mit einem anderen Paket, das ein handgeschriebenes Dankeschön für seinen Blogbeitrag über das Unternehmen, einen Kaffeebecher und eine Kaffeeprobe enthielt.

Indem Green Mountain nach Gelegenheiten zur Selbstdarstellung suchte, gewann es weitreichend Medienpräsenz über Earned Media und zudem einen lebenslangen Kunden. Dies gelang dem Unternehmen dadurch, dass es sich sympathisch, charmant, großzügig und vor allem authentisch gegenüber einem völlig Fremden zeigte. Wie jeder gute Heiratsvermittler weiß, muss man bei zwei Leuten, die vor einem Treffen zurückscheuen, manchmal eine Methode finden, sie entschieden in denselben Raum zu schubsen, damit sie ihre Gemeinsamkeiten entdecken können. Für diejenigen Unternehmen, die lernen, überzeugende Storys aus den News- und Informations-Threads zu entwickeln, die durch die Twitter-Sphäre fließen, ist diese Social-Media-Plattform das zuverlässigste Bindeglied aller Zeiten zwischen Verbrauchern und Marken.

BEBILDERTE KOMMENTARE

LACOSTE: Unterbricht sein eigenes Gespräch

Lacoste ist eine Marke mit einer enormen Ausdauer. Als kleines Kind mochte ich das Lacoste-Krokodil auf meinen T-Shirts, und vor Kurzem habe ich die Marke wiederentdeckt und angefangen, sie wieder zu tragen. Es ist schon eine gewisse Leistung, sich für seine Fans neu zu erfinden, also Hut ab, dass Lacoste das geschafft hat. Leider ist das auch schon das einzige Lob, das Lacoste von mir bekommen wird, denn wir haben es bei dem Tweet mit einem der schlimmsten Beispiele in diesem Buch für einen schlecht eingesetzten rechten Haken zu tun. Er ist lächerlich schlecht. Ich weiß das, weil ich mir einen Ast gelacht habe, als ich ihn sah.

- **Der Verbraucher wird wie ein Idiot behandelt:** In dem Text fragt Lacoste: „Wenn Sie eines Tages etwas Besonderes tun könnten – was würden Sie tun?" Das ist eine gute Methode, um Fans zur Interaktion aufzufordern. In einem Paralleluniversum posten Fans Kommentare wie „Schlafen!", „Mit einem Paddelboot fahren", „Zum Mars reisen", „Werbung für Erbsenbrei machen" und höchstwahrscheinlich „Shoppen!". Letzteres wäre dann ein idealer Moment für die Marke, direkt auf den Verbraucher zu reagieren und eine Beziehung aufzubauen. Es wäre eine großartige Gelegenheit für die Marke, stolz die Persönlichkeit ihrer Fans zu präsentieren. Und dies wiederum sollte sich günstig auf das Markenimage auswirken. Aber in diesem Universum, wo jemand bei Lacoste nicht wirklich nachgedacht hat, bremst die Marke das Gespräch aus, bevor es überhaupt angefangen hat, indem sie ihre Frage selbst beantwortet. Es ist, als würde Lacoste seinen Fans nicht zutrauen, dass sie wie gewünscht antworten. Denken Sie daran, die Devise lautet: „Geben, geben, geben, geben, geben … bitten", nicht: „Geben, geben, geben, geben, geben … verlangen!"

- **Sinnloser Link:** Wie Zara auf Seite 68 scheint Lacoste zu denken, dass seine Website das Zentrum all seiner Medienaktivitäten sein sollte. Wenn es etwas gibt, was Marken aus diesem Buch mitnehmen sollten, dann die Tatsache, dass es kein Zentrum mehr gibt. Die Verbraucher kommen über alle möglichen Portale, und wenn Sie sie zwingen, jedes Mal durch dieselbe Tür zu gehen, wirkt das ermüdend. Wenn Kunden auf diesen Twitter-Link klicken, werden sie nicht zu einem Sonderangebot oder auch nur zu einer Werbung für die Trends der Saison geführt. Sie werden einfach direkt auf die allgemeine Website geführt, die zu der Zeit, da ich dieses Buch schreibe, ein Kind unter 13 Jahren mit ausdruckslosem Gesicht zeigt.

Lacoste hat momentan, da ich dieses Buch schreibe, über 370.000 Follower. Von diesen Followern hielten es gerade mal zwei für angebracht, dieses Posting zu retweeten. Der Link selbst erhielt nur 88 Klicks. Schlimmer geht es nicht. Postings wie diese sind für den sinnlosen Lärm auf Twitter verantwortlich, der es immer schwieriger macht, Beachtung mit gutem Content zu finden. Ich kann mich noch nicht mal dazu überwinden, „See you later, alligator" zu sagen. Wenn ich nämlich später noch mehr solche Tweets sehe, kann es sein, dass ich völlig die Lust an der Marke verliere.

DUNKIN' DONUTS: Süß, aber veraltet

Das ist eine charmante, humorvolle Werbeaktion, um Eiskaffee zu verkaufen. Der Text hat die angemessene Länge, der Ton ist richtig und das Bild wurde klug ausgewählt. Ich frage mich allerdings, warum die Kreativen bei Dunkin' Donuts entschieden haben, aus dem Eiskaffeebecher ein Relikt aus der Mitte des letzten Jahrhunderts zu machen.

- **Anachronistisches Bild:** Die Marke wäre viel moderner rübergekommen, wenn aus dem Becher ein iPhone-Ladegerät herausgekommen wäre anstelle des zweipoligen Steckers, der zur Nachttischlampe eines älteren Onkels gehören könnte. Möglicherweise haben die Marketingexperten von Dunkin' Donuts bewusst einen altmodischen Stecker verwendet, um die ältere Bevölkerung anzusprechen, welche die Restaurants besucht. Dann sprechen sie allerdings die richtige Sprache im falschen Land, denn die Bevölkerungsgruppe, die in Häusern mit zweipoligen Steckern aufwuchs, lässt sich kaum auf Twitter blicken (dreipolige geerdete Steckdosen mussten bereits in den frühen 1960er-Jahren aus Sicherheitsgründen in neue Häuser eingebaut werden). Wenn sogar die Frage „Wer ist Paul McCartney?" während der Grammy-Verleihung 2012 ein Trendthema auf Twitter sein kann, dann ist es ebenso möglich, dass die Hälfte des Publikums, die Dunkin' Donuts auf Twitter folgt, keine Ahnung hat, was für ein komisches Ding da aus dem Becher ragt.

- **Ein weiterer Kritikpunkt:** Der Tweet ist mit „JG" unterschrieben. Ich verstehe, dass Dunkin' Donuts versucht, seine Marke menschlicher darzustellen, aber meiner Meinung nach ist das der falsche Weg. Sie riskieren Ihr Geschäft, wenn Sie es zulassen, dass außer Ihrem Logo oder Ihrer Marke jemand Markenwert auf diesen öffentlichen Plattformen aufbaut. Was passiert, wenn JG zu Starbucks oder McDonald's wechselt und die Leute anfangen zu fragen: „Hey, wo ist JG?" Ihre Marke braucht eine einheitliche Selbstdarstellung und Stimme. Das soll nicht etwa heißen, dass Sie die Bemühungen Ihrer Mitarbeiter gering schätzen; vielmehr müssen Sie dafür sorgen, dass alle daran arbeiten, den Wert Ihrer Marke aufzubauen, nicht ihren eigenen.

ADIDAS: Ein Volltreffer

Der rechte Haken von Adidas Originals ist fantastisch (nun ja, die Schuhe sind ein bisschen abgefahren, aber was solls?). Ich mag, was Adidas hier gemacht hat, aus mehreren Gründen.

- **Cooles Bild:** Sie haben ein großartiges Bild von ihrem Produkt verwendet. Das Foto ist scharf, wird aber mit einem Farbfeuerwerk belebt. Es ist die Art von Bild, die den Verbraucher dazu bringt, beim Scrollen durch seinen Stream innezuhalten, und ihn empfänglich für den rechten Haken macht.
- **Richtiger Ton:** Der Text ist stark und baut die Story auf. Er ist im Ton der Marke und Zielgruppe geschrieben, auch wenn mit der Aufforderung „Get 'em here" („Holt sie euch hier!") der direkte rechte Haken gelandet wird. Oft schreiben Marken ihren Text im richtigen Jargon, um eine starke Wirkung zu erzielen, aber wenn es um die Handlungsaufforderung, den rechten Haken, geht, wechseln sie zu einer formellen unternehmenstypischen Sprache: „You can buy them here." („Hier können Sie sie kaufen.") Es gefällt mir, wie Adidas mit „Get 'em here" den richtigen Ton bis zum rechten Haken durchgezogen hat. Dann sind sie auf den Punkt gekommen, indem sie direkt auf ihre Produktseite verlinkt haben, nicht auf ihre Homepage oder irgendeine andere Unterseite, sodass man erst noch hätte suchen und herumklicken müssen.

Beim Anfüttern der Kunden sollten Sie sanft und subtil vorgehen, aber wenn es an der Zeit ist, den Kauf abzuschließen, dann nichts wie ran! Seien Sie nicht schüchtern. Sie haben es in der Hand.

Gut gemacht, Adidas! Extrem gut umgesetzt.

HOLLISTER: Eine kluge Strategie, die in die Hose ging

Dies ist eine wirklich interessante Fallstudie, da sie gleichzeitig eine sehr kluge Strategie und eine ganz üble Umsetzung zeigt.

- **Mutige Idee:** Das Modeunternehmen Hollister verdient Anerkennung dafür, dass es verstanden hat, welche Bedeutung Internetmeme haben, wenn es darum geht, eine junge Zielgruppe zu erreichen. Als Reaktion auf die große Popularität von „Planking" (man legt sich an einem beliebigen Ort mit dem Gesicht nach unten und seitlich angelegten Armen auf den Boden) und „Owling" (man hockt sich an einem beliebigen Ort wie eine Eule hin) entschloss Hollister sich, mit „Guarding" (man hält die Hände vor die Augen, als würde man ein Fernglas halten) eine neue Bewegung ins Leben zu rufen. Die Marketingexperten von Hollister haben einen starken rechten Haken gelandet, als sie ihre Community darum baten, ihr Mem zu taggen und damit zu interagieren. Das ist ein mutiger Schritt, der mir gefällt! Das Problem ist aber, dass es für eine Marke extrem schwierig ist, ein Mem zu kreieren. Es ist also kein besonders praktischer Schritt, und die Verbraucher zeigen wenig Neigung, ihm zu folgen. Im Allgemeinen sollten Marken einfach Memen folgen, anstatt sie zu kreieren. Hollister hat es versucht, was bewundernswert ist.

- **Ungeschickt gewählter Hashtag:** Bei der Wahl ihres Hashtags haben sie sich wirklich vertan. Als ich diesen Tweet zum ersten Mal begutachtete, zeigte ein Klick auf #guarding, dass Wachleute und 16-jährige Basketball-Spieler ihn verwenden. Der Begriff „Guarding" gehört Hollister nicht, man hätte also besser einen eindeutigeren Hashtag gewählt, um Aufmerksamkeit auf das Mem zu lenken.

- **Zu viele Bilder:** Und dann sind da die Fotos, die sie verwendet haben. Sie sind bunt, aber klein und zu dicht nebeneinander. Zu viele Dinge auf einmal konkurrieren um Ihre Aufmerksamkeit und der Text ist zusammengedrängt. Hollisters Story hätte in einem Tweet kürzer und gestraffter mit nur einer einzigen Großaufnahme von zwei hübschen Jungengesichtern mit dem Hashtag darunter erzählt werden können.

SURF TACO: Neue Plattformen füttern

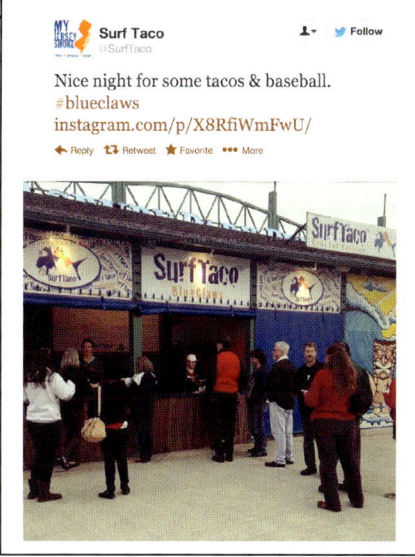

Das ist nicht die beste Werbung aller Zeiten, aber ich wollte auch ein paar relativ triviale Aktionen präsentieren, die zwar die Social-Media-Welt nicht revolutionieren, aber dennoch beispielhaft zeigen, mit welchen einfachen Mitteln Sie etwas erreichen können. Sie müssen sich nicht genötigt fühlen, ein Meisterwerk nach dem anderen zu schaffen.

- **Vernetzte Präsenz auf mehreren Plattformen:** Surf Taco hat auf Twitter eine beachtliche Fangemeinde von etwa 6.400 Followern. Auf Instagram sind es etwa 500. Indem sie auf Twitter ein Instagram-Bild einstellen, nutzen sie auf kluge Weise ihren größeren Pool an Followern, um den kleineren zu vergrößern. Das ist eine Strategie, der mehr Leute folgen müssten. Allerdings funktionierte die Einbindung von Instagram in Twitter besser, bevor die Konkurrenz zwischen beiden dazu führte, dass Twitter eine nahtlose Instagram-Einbindung unterband. Seither lässt Instagram sich nicht mehr direkt laden. Wenn Sie jedoch versuchen, Follower auf einer neuen Plattform zu gewinnen, sei dies nun auf Pinterest, Instagram, Snapchat oder was auch immer in Zukunft aktuell sein wird, ist Folgendes wichtig: Sie müssen die Plattform, auf der Sie die meisten Follower haben, nutzen, um Traffic auf die neue zu leiten (vor drei Jahren habe ich zu den Leuten gesagt, dass sie ihren E-Mail-Service benutzen müssen, um Traffic auf Facebook zu leiten). Die Nutzer von einem Ort zum anderen zu verlagern, ist eine ausgezeichnete strategische Maßnahme, um auf einer neuen Plattform das Bewusstsein für Ihre Präsenz aufzubauen.
- **Angemessene Ästhetik:** Surf Taco versteht zweifelsohne die Ästhetik von Instagram. Das ist kein besonders künstlerisches oder aufregendes Foto, aber immerhin wurde kein Bild aus einer Fotodatenbank oder ein Hochglanz-Produktfoto verwendet. Es ist eine beiläufige, natürliche Szene an einem echten Ort, und aus der starken Interaktion, die das Foto selbst bei der relativ kleinen Community auslöste, lässt sich folgern, dass es die Follower angesprochen hat.

Die Marketingexperten von Surf Taco wussten auch genug über die Twitter-Nutzer, um einen Hashtag, noch dazu einen guten, einzufügen. Allerdings wäre es vielleicht klüger gewesen, ein oder zwei weitere Hashtags wie zum Beispiel „#baseball" einzufügen, um möglichst eine noch größere Sichtbarkeit zu erreichen.

Insgesamt eine recht ordentliche Leistung für ein kleines Unternehmen in New Jersey.

CHUBBIES SHORTS: Entscheidend ist der Ton

Letztendlich beruht der Erfolg in den sozialen Medien auf drei Faktoren: Sie müssen die Nuancen Ihrer Plattform verstehen, einen eigenen Ton haben und Ihre Unternehmensziele vorantreiben. Chubbies macht in diesem Tweet alle drei Dinge richtig. Es ist in diesem Buch eines meiner Lieblingsbeispiele für gelungenen Micro-Content.

Die stärkste Wirkung erzeugt hier der eigene Ton, der sich von Anfang bis Ende durch den Content zieht. Er ist jugendlich, ironisch, respektlos und unterhaltsam – genau das, was die Twitter-Nutzer suchen. Der Tweet selbst zeigt, dass die Marke die Nuancen dieser Plattform versteht. Er ist kurz und knapp, nur zwei Hashtags, die auf ein Mem verlinken. Dieses schlägt auf humorvolle Weise Dinge vor, die dem Konkurrenzprodukt, nämlich Cargo-Shorts, überlegen sind: in diesem Fall eine Katze namens Pablo Picatso. Es ist ein lächerlicher und lustiger Vergleich. Warum hat dieses Mem nun funktioniert, während Hollister mit #guarding keine große Zugkraft entwickelt hat? Es liegt am Hashtag. Niemand außer Chubbies hat einen Grund, Hashtags wie #CargoEmbargo oder #SOTO – SkiesOutThighsOut – zu kreieren. Somit sind sie die alleinigen Inhaber. Die Hashtags sind eindeutig genug, um ihren Nutzern Ansehen zu verschaffen. Chubbies hat es auch nicht vermasselt, indem es auf eine Produktseite verlinkt hat.

Sie wollen, dass Ihre Investitionen in den sozialen Medien sich rentieren? Dann erzählen Sie eine Geschichte, die gut genug ist, um die Leute zum Kauf zu motivieren. Mein Kreativteam und ich waren davon beeindruckt, wie sehr diese Marke sich um einen starken eigenen Ton bemüht hat und wie auf die Nuancen der Plattform geachtet wurde. Das hat bei uns die Wahrnehmung der Marke gestärkt und uns dazu gebracht, über die Shorts zu reden. Infolgedessen fixierten wir uns ein wenig auf das Thema und schließlich kaufte ich elf Paar, eines für jedes Teammitglied. Die Beine des VaynerMedia-Teams werden also im Chubbies-Stil unterwegs sein.

BULGARI US: Eine PR-Unternehmen steht sich selbst im Weg

Als meine Eltern Ende der 1970er-Jahre in dieses Land kamen, wurden sie leidenschaftliche Fans von Elizabeth Taylor. Tatsächlich bin ich sicher, dass die ersten beiden englischen Wörter, die meine Großmutter sprach, „Elizabeth Taylor" lauteten. Daher habe ich eine Vorliebe für diese Kultfigur und mag es nicht, wenn sie schlecht behandelt wird. Dies war sicher ein tolles Event, bei dem zwei hochwertige Luxusmarken miteinander verbunden wurden. Leider wurde Ms. Taylor von Bulgari online nicht so sehr geehrt wie offline.

Live-Twitter-Events können ärgerlich sein, wenn der einzige Sinn und Zweck der Tweets darin besteht, dass sie dem PR-Unternehmen möglichst Seitenaufrufe bringen sollen. Genau das ist bei diesem Tweet der Fall. Das Bild ist so schwach, dass es ein Praktikant hinter einer Topfpflanze gemacht haben könnte. Wir hätten jeden der 23 Tweets, die im Laufe des Tages gepostet wurden, kritisieren können, aber dieser hier verdient besondere Beachtung, weil er besonders schlimm ist. Es ist kaum zu erkennen, was überhaupt vor sich geht. Versuchen Sie Folgendes: Blättern Sie eine Seite weiter und kehren Sie dann wieder zu dieser Seite zurück. Können Sie in einem Sekundenbruchteil sagen, was Sie sehen? Sie müssen den Link anklicken und das Bild auf einem großen PC-Bildschirm ansehen. Dann müssen Sie mit dem Gesicht nahe an den Bildschirm herangehen, um eine Ahnung davon zu bekommen, wie die prächtigen Blumengestecke auf dem Tisch aussahen. Aber diese Mühe wird sich niemand machen. Das sollte auch niemand tun, da das Bild überhaupt keinen Wert hat, weder für den Verbraucher noch für die Marke.

Ich halte Bulgari zugute, dass das Cateringunternehmen erwähnt wurde. Es spricht für die Menschlichkeit einer internationalen Marke, wenn sie öffentlich einem Unternehmen Anerkennung zollt, das nur 200 Twitter-Follower hat.

NETFLIX: Einfachheit funktioniert

Das ist eine perfekt ausgeführte Führhand, die nur ein paar Tage nach der Ankündigung von Netflix erfolgte, dass 15 Folgen der lang erwarteten vierten Staffel der Kultfernsehserie *Arrested Development* exklusiv auf ihrer Plattform gesendet würden. Ihr Erfolg liegt darin begründet, dass jede Menge Power in einer sehr simplen Verpackung präsentiert wird.

Das Bild nimmt klar Bezug auf die letzte Folge der dritten Staffel der Fernsehserie, bei der eine Figur das Familienunternehmen verließ. Der Text ist zeitgemäß und klug formuliert. „Hey Brother", eine Zeile, die in der Serie oft zu hören ist, gab Netflix die perfekte Gelegenheit, auf den Hashtag-Trend des National Sibling Day aufzuspringen.* Beachten Sie, dass fast jeder Tag des Jahres zum inoffiziellen Feiertag für irgendetwas erklärt wurde – dieses Wissen sollten Sie sich zunutze machen.

---

*) Am National Sibling Day, dem 10. April, werden in den USA die Beziehungen zwischen Geschwistern gefeiert (Anm. d. Übers.).

AMC: Handlungsaufforderungen, die zu nichts führen

Dieser Tweet wirkt irgendwie schizophren – „Machen Sie einen Retweet, wenn Sie The Rock mögen! NEIN! Sehen Sie dieses Video an! NEIN! Kaufen Sie Tickets!" Der Fernsehsender AMC hat es geschafft, mit nur 140 Buchstaben zu drei Handlungen aufzufordern. Das ist durchaus eine Leistung, aber keine, auf die man stolz sein müsste. Wenn Sie zu drei Handlungen auffordern, fordern Sie praktisch zu überhaupt nichts auf. Der Kunde, der dieses Durcheinander von Links und kurzen Sätzen auf seinem Handydisplay sah, war sicher total verwirrt. Man weiß einfach nicht, worauf man sich zuerst konzentrieren soll. AMCs Aktivitäten in den sozialen Medien sind oft sehr gut, aber das hier war leider – ähnlich wie die GI-Joe-Filme – ziemlicher Mist.

NBA: Eine kluge Partnerschaft

Die National Basketball Association hat hier einen großartigen rechten Haken gelandet, um die öffentliche Aufmerksamkeit auf ihre Partnerschaft mit Kia und ihre gemeinsamen MVP-Awards zu richten, mit denen die besten Spieler ausgezeichnet werden. Jedes Detail zeigt Raffinesse, angefangen bei der straffen und klaren Formulierung des Tweets bis hin zur Schreibung des Wortes „you" in Großbuchstaben, die eine stärkere Verbindung mit der Community herstellen soll. Es wurde wiederholt die Marke Kia propagiert, sowohl durch die Einbindung des Kia-Twitter-Nutzernamens in den Tweet als auch durch das Umrahmen der NBA.com-Landing-Page mit dem KIA-Logo in kräftigem Rot. Diese beginnt mit einem Artikel mit Foto, der LeBron James als Gewinner der MVP Kia Awards vorstellt. Ich weiß nicht sicher, ob Kia die NBA für diese voll integrierte Social-Media-Werbung bezahlt hat, aber wenn dies der Fall war, kann man von einer guten Investition reden.

GOLF PIGEON: Hier wurde Quantität mit Qualität verwechselt

Wenn Sie Ihr Unternehmen gerade erst gegründet haben oder nur eine kleine Kundenbasis haben und zur Vergrößerung Ihrer Reichweite auf Trends aufspringen wollen, gibt es eine strategische und lohnende Methode: Sie können die Anzeigenplattform von Twitter nutzen und ein Keyword kaufen, durch das Ihr Tweet als erstes oder zweites Ergebnis angezeigt wird, wenn ein Verbraucher einen Begriff auf Twitter sucht. Allerdings kann ich nicht oft genug betonen, dass nicht die Quantität der Einblendungen zählt, sondern die Qualität. Sie können mit einem Tweet eine Million Leute erreichen, aber wenn Ihr Tweet Mist ist oder keine Relevanz für die Leute hat, kann es gut sein, dass von dieser Million Leute, die Ihren Tweet gesehen hat, eine halbe Million nun Ihr Produkt oder Ihre Marke verabscheut. An dem Tag, da dieser Tweet gepostet wurde, schoss Lionel Messi, der beste Fußballspieler der Welt, wohl sein siebentausendstes spektakuläres Tor der Saison, und sein Name gehörte zu den Trendbegriffen. Die Golfsport-Informationsplattform Golf Pigeon hat wohl gedacht, dass Fußballfans, wenn sie über Messi reden, vielleicht auch gern über Golf reden würden. Moment mal, das macht eigentlich gar keinen Sinn. Theoretisch können Fußball und Golf manchmal Gemeinsamkeiten haben. Klar, es sind schließlich beides Sportarten. Eine Erklärung für diese seltsame Paarung könnte sein, dass Twitter manchmal Promoted Tweets in verwandten Hashtags anzeigt, um mehr Einblendungen zu generieren.

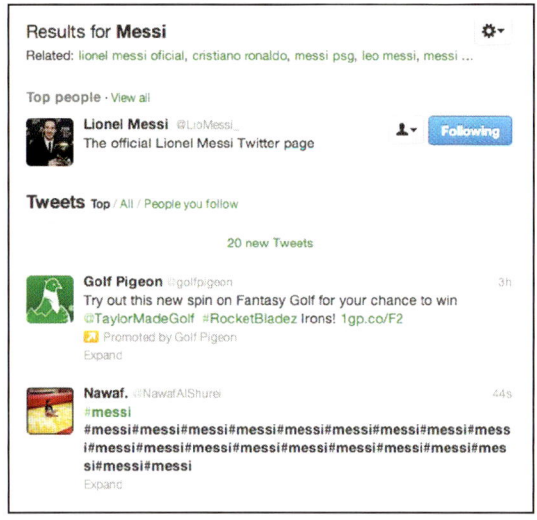

Golf Pigeon wollte vermutlich gar nicht unter dem Hashtag #messi Werbung machen, und damit wäre die Sache entschuldigt. Wenn es aber mit Absicht geschah, dann hat das Unternehmen sich keinen Gefallen getan. Vielleicht konnte es in den 1980er-Jahren noch als kluge Maßnahme gelten, wenn man versuchte, Aufmerksamkeit durch einen solchen „Crossover"-Effekt zu gewinnen. Damals gab es auch nur eine begrenzte Anzahl von Kanälen, über die man Sportfans erreichen konnte. Aber in dem heutigen zielgruppenspezifisch ausgerichteten Umfeld gibt es keinen Grund, Geld zu verschwenden, indem man in einer Fußball-Community für Golf wirbt. Das Unternehmen hätte viel mehr profitiert, wenn es auf das Masters-Golfturnier gewartet hätte und sich auf Trendthemen beschränkt hätte, die besser zu seiner Marke und seiner Community passen.

HOLIDAY INN: Ein einseitiges Gespräch

So viele öffentliche Erwiderungen und so wenig Mehrwert. Wenn Sie Nettigkeiten, die über Ihr Unternehmen gesagt wurden, an Ihre gesamte Kundenbasis retweeten, dann gibt es dafür nur einen Begriff: Man nennt es Angeberei. Und wenn man es ständig macht, ist es unerträglich. Vom 21. April bis zum 23. April 2013 verbrachte Holiday Inn die meiste Zeit damit, die Nettigkeiten, die über das Unternehmen gesagt wurden, an alle 30.000 Fans zu retweeten. Stattdessen hätten die Marketingexperten von Holiday Inn sich besser fünf Minuten Zeit genommen, um eine tiefere Beziehung zu den Fans aufzubauen, die sich die Mühe gemacht hatten, Holiday Inn zu loben. Übrigens, immer wenn eine Marke dieser Größe mehr Leuten folgt, als ihr folgen, zeigt dies, wie sehr sie ihren Twitter-Account missbraucht. Es zeigt, dass sie das System manipuliert – sie folgt Leuten in der Hoffnung, dass diese ihr dann auch folgen. Das ist eine billige Taktik.

Das arme Holiday Inn bekommt in diesem Buch richtig eins auf den Deckel, aber das Lob von Fans zu retweeten ist ein Fehler, den Tausende von Marken täglich machen, wahrscheinlich weil PR-Unternehmen es gegenüber ihren Kunden gern als kluge Maßnahme hinstellen. Das ist es aber ganz sicher nicht. Retweets dieser Art haben praktisch keinen Wert für jemanden, der Ihnen folgt. Es ist wirklich peinlich, ganz zu schweigen davon, dass es für Ihre Follower auch unglaublich langweilig ist.

EA SPORTS FIFA: Eilmeldung

Wie ich bereits sagte, müssen Unternehmen, die heute in den sozialen Medien konkurrenzfähig sein wollen, sich auf eine duale Identität einlassen. Natürlich müssen sie einerseits die Lieferanten eines Produkts oder einer Dienstleistung sein, aber andererseits müssen sie auch lernen, wie ein Medienunternehmen zu agieren. Dieses Posting illustriert genau, wie dies aussieht. EA Sports FIFA ist ein Videospiel für Fußballfans. Wie dieses Posting zeigt, hat die Marke allerdings begriffen, dass sie noch viel mehr werden muss, wenn sie konkurrenzfähig sein will.

Mit dem Tweet sollte angekündigt werden, dass die Teams für die Halbfinale der UEFA Champions League gerade bestätigt wurden. Vor fünf oder sechs Jahren hätten die Fußballfans diese Nachricht noch unten auf dem ESPN-Bildschirm gefunden und jeder, der sie versäumt hätte, hätte am nächsten Tag darüber in der Zeitung lesen können. An diesem Tag wurde die Nachricht jedoch von einem Videospiel überbracht, wenn schon nicht der Welt, dann zumindest jedem, der ihm auf Twitter folgte. Was hat diese Werbeaktion der Marke für einen Vorteil gebracht? Der Tweet wurde über 500 Mal retweetet. Jeder, der die Nachricht hier zuerst bekam, hat sie an all seine Follower retweetet. All diese Fans und Follower haben EA Sports FIFA als Quelle für die Nachricht angegeben. Zudem wurde die Marke durch gute Interaktionsraten, eine verstärkte Markenwahrnehmung, Markenaffinität und wahrscheinlich neue Follower im zwei- bis dreistelligen Bereich belohnt. All das gelang ihr, indem sie in ihrem Bereich das Mediengespräch anführte. Von diesen neuen Followern werden viele vielleicht auch darauf reagieren, wenn EA Sports FIFA einen rechten Haken in Form eines Angebots, eines Gutscheins oder einer anderen Handlungsaufforderung landet.

TACO BELL: Alles richtig gemacht

Dieser Tweet ist beeindruckend, ein wirklich geniales Beispiel für das geschickte Aufspringen auf einen Trend. #ThoughtsinBed war ein Trend-Hashtag. Die Gastronomiekette Taco Bell schaltete sich ein und reagierte in ihrem typisch bissigen, frechen, ausgefallenen Ton. Offensichtlich kamen die Bemühungen gut an, denn von nur etwa 430.000 Followern erhielt Taco Bell fast 13.000 Retweets. Warum war der Tweet so erfolgreich? Weil die Marketingexperten von Taco Bell genau das Richtige taten – sie respektierten die Plattform und sie sprachen in demselben Ton wie ihre Kunden. Die Gastronomiekette versteht, dass die Twitter-Nutzergruppe eine junge Nutzergruppe ist, und wenn man sich ihren Stream ansieht, wird deutlich, dass sie sich tagaus, tagein an ihre Follower wendet und konsequent Kontakt pflegt. In diesem Prozess baut sie eine enorme Markenaffinität auf. Sie verdient das höchste Lob, das ich vergeben kann: Sie hat alles richtig gemacht.

SKITTLES: Das Hashtag-Paradies

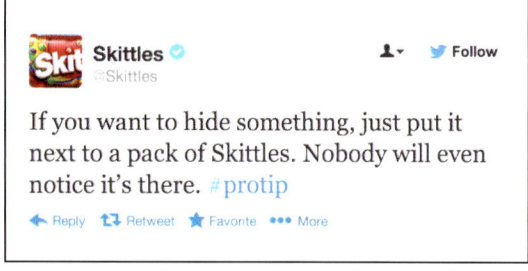

Bei vielen Beispielen in diesem Buch würde ich am liebsten heulen, aber bei diesem hier musste ich lächeln. Es bringt wahrscheinlich auch Sie zum Lächeln. Es ist nett und lustig, und es klingt, als wäre es von einem Skittles-Fan.[*] Besonders klug ist hier, dass der Micro-Content mit einem immer aktuellen Hashtag verknüpft wurde. Der Hashtag, der nie veraltet, und der scherzhafte, spritzige Content, lassen den Tweet für jeden, der nach etwas Humor sucht, relevant bleiben. Wenn Skittles weiterhin Micro-Content wie diesen twittert, hat die Marke noch ein langes, aufregendes Leben in den sozialen Medien vor sich.

---

[*]) Skittles sind zuckerumhüllte Kaudragees, die von der Firma Wrigley hergestellt werden (Anm. d. Übers.).

CHRIS GETHARD: Harte Arbeit, die sich auszahlen wird

Comedians sind eine interessante Nutzergruppe auf Twitter, denn unheimlich viele verwenden es, um Witze vorher zu testen, Werbung für sich zu machen und rechte Haken zu landen, indem sie zum Beispiel die Leute auffordern, ihre DVDs zu kaufen oder zu ihren Shows zu kommen. Dieser aufstrebende Comedian aus Brooklyn ist jedenfalls auf das richtige Rezept gekommen. Er erzählt natürlich Witze, aber er retweetet auch und interagiert. Er reagiert auf Fans und redet mit ihnen, er lässt sie wissen, dass er ihnen zuhört und es zu schätzen weiß, wenn sie sich Zeit nehmen, um ihm ihre Meinungen mitzuteilen. Er gibt sich wirklich Mühe und das wird sich richtig für ihn auszahlen, sobald er ein Special hat oder sich entschließt, mehr rechte Haken zu landen.

TWITTER: Keine Ahnung

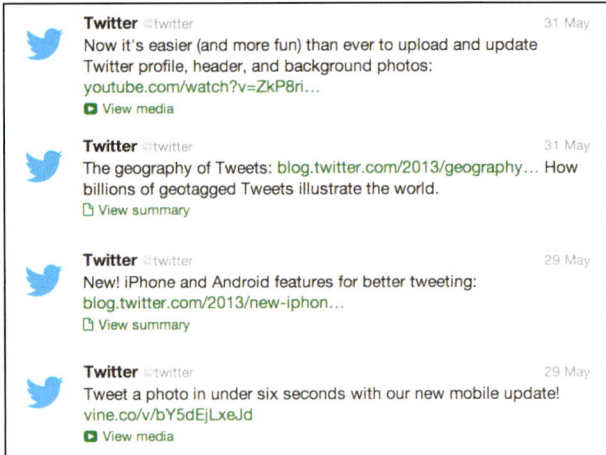

Twitter hat meine Karriere sehr gefördert, daher fällt es mir schwer, das Unternehmen für seinen unglaublichen Mangel an Interaktion zu kritisieren. Die Marketingexperten sind einem ständigen Aktionismus verfallen, bringen eine eigennützige Ankündigung nach der anderen heraus und machen keinerlei Anstrengung, eine Community aufzubauen. Am 6. Juni 2013 waren sie voll im Angebermodus und kündigten ihre neue Partnerschaft mit dem Werbedienstleisternetzwerk WPP an. Dass die Plattform selbst keine Ahnung hat, wie man auf natürliche Weise Storytelling betreibt, zeigt, dass wir noch immer in der Anfangszeit der großen Social-Media-Zeitachse leben. Twitter hat die Gelegenheit, den Leuten den ganzen Tag beim Reden zuzuhören. Als es Vine* kaufte und Millionen von Leuten das neue Produkt in ihren Tweets über den grünen Klee lobten, warum konnte es sich da nicht wenigstens hier und da zu einem „Danke" aufschwingen? Wie konnte es sein, dass das Marketingteam nicht erkannte, wie wichtig es ist, eine emotionale Verbindung zu den Nutzern aufzubauen? Hätten sie das getan, dann wären vielleicht einige der Leute, die scharenweise zu Instagram strömten, nachdem dort Video-Sharing eingeführt worden war, Vine treu geblieben. Und es wäre dann nicht zu der Abwärtsspirale bei Vine gekommen. Die Welt ist emotional. Wenn Twitter selbst auf Twitter nicht zuhört und den Kontakt sucht, wie kann es dann erwarten, dass jemand sich der Plattform verbunden fühlt? Ich habe viele Freunde bei Twitter und ich bin gespannt, wie sie auf diese Kritik hier reagieren. Sicher haben sie viel dazu zu sagen.

---

*) Vine ist ein kostenloses Computerprogramm für internetfähige Mobiltelefone, das es seinen Nutzern ermöglicht, kurze Videos mit anderen zu teilen (Anm. d. Übers.).

SPHERO: Wie man es richtig nerdmäßig macht

Mir gefällt das sehr. Das ist ein perfektes Beispiel dafür, dass eine Marke ihr Publikum versteht und ihre Story zu erzählen weiß. Sie wissen genau, wer einen Ball kaufen würde, der von einem iPhone kontrolliert wird. Sie haben ein Video von einem BuzzFeed-Link verwendet, was zeigt, dass sie die Muttersprache ihrer Zielgruppe sprechen. Sie verstehen das Publikum, das Medium, die Sprache, die Story. Selbst jemand, der nicht zur Zielgruppe gehört, wird das cool finden.

Viele Start-ups tun sich schwer damit, gute Storys zu erzählen, weil sie, anstatt die Community aufzubauen, sich auf Kapitalbeschaffung konzentrieren und darauf, dass ein Artikel über sie auf TechCrunch veröffentlicht wird. Es ist nicht leicht für ein neues Unternehmen, das richtige Gleichgewicht zwischen so vielen miteinander konkurrierenden Prioritäten zu finden. Sphero verdient Anerkennung dafür, dass es das geschafft hat, während so viele andere es vermasselt haben. Das ist wirklich eine perfekte Umsetzung.

FLEURTY GIRL: Auf brillante Weise flirten

Viele Leser dieses Buches sind die Inhaber von kleinen Unternehmen, denen nur ein Ladengeschäft gehört. Fleurty Girl hat fünf Ladengeschäfte, aber das ist immer noch klein, und das Engagement der Inhaberin für ihre Community, sowohl online als auch in den Läden vor Ort, ist beeindruckend. Lauren Thom, die in New Orleans geboren und aufgewachsen ist, wirft mit Akronymen wie NOLA um sich; sie kennt das Pfirsichfest in Ruston; sie hat den Tweet eines Spielers der New Orleans Saints retweetet – sie beherrscht die Sprache der sozialen Medien perfekt. Wahrscheinlich hat sie noch keine große Fanbasis aufgebaut, aber sie arbeitet hart daran. Ich wünschte, dass mehr lokale Unternehmen so viel Energie in die sozialen Medien stecken würden wie sie. Sie könnte ihre Tweets noch etwas aufpeppen, um ihren Retweet-Wert zu erhöhen. Sie könnte zum Beispiel Hashtags hinzufügen, um Emotionen oder Lachen auszulösen. Als sie „I love peaches" twitterte, wäre ein passender Hashtag vielleicht #peachesfillthebelly gewesen. Sie müssen alles tun, was Sie können, um die Leute zum Lächeln zu bringen und einen bleibenden Eindruck beim Kunden zu hinterlassen. Anstatt Darren Sproles alles Gute zum Geburtstag zu wünschen, hätte sie auch sein Alter herausfinden und es in Bezug zu dem Saints-Spieler setzen können, der diese Nummer während der Spielsaison 2012 trug. So wäre der Geburtstagsgruß etwas einprägsamer gewesen, wenn sie zum Beispiel „Happy Ryan Steed!" geschrieben hätte. So etwas wäre lustig gewesen. Ich denke, dass sie irgendwann den Bogen heraushat.

SHAKESPEARE'S PIZZA: Köstlicher Geschmack

Ich freue mich, dass ich noch ein anderes kleines Unternehmen loben kann, das sich sehr viel Mühe gegeben hat, guten Micro-Content zu produzieren. Zudem hat es auch einen talentierten Texter. Achtung – der dritte Tweet wirkt wie eine simple Reaktion auf den Earth Day, aber sehen Sie sich den klug gewählten Hashtag an. Dieser Hashtag zeigt, dass das Unternehmen die Psyche des Twitter-Nutzers versteht. Das Unternehmen weiß, dass es diese kleinen Momente sind, die beim Verbraucher ein Aha-Erlebnis auslösen. Es weiß, dass man die Leute so dazu motiviert, den Tweet an Freunde zu retweeten, und dass man so die eigene Marke in die Feeds der Leute bringt. Shakespeares's Pizza hätte für eine Banneranzeige bezahlen können, um eine Einblendung zu bekommen, aber das hätte niemanden interessiert.

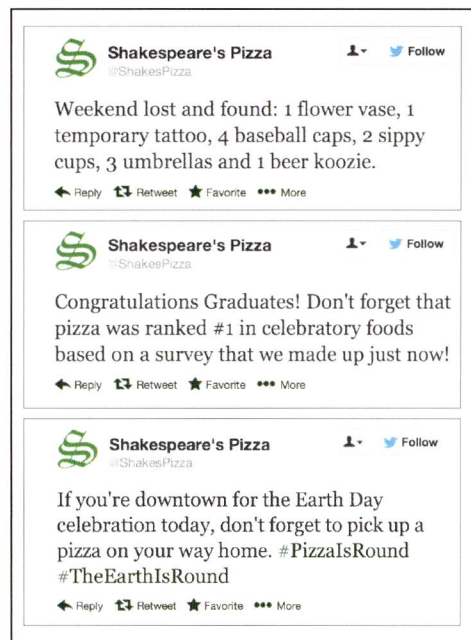

Auch der zweite Tweet ist goldrichtig. Jeder zwischen 16 und 24 Jahren wird hellauf begeistert sein. Ja, es wird jedem gefallen, der die Mentalität eines 16- bis 24-Jährigen hat. Die Tweets des Unternehmens beweisen, dass eine Marke eine herausragende Performance auf Twitter hat, wenn sie kreative Texte liefert und gleichzeitig ein grundlegendes Verständnis für die Faktoren hat, die die Anziehungskraft von Twitter ausmachen. Das Lesen der Tweets hat mich auch hungrig gemacht. Nebenbei gesagt mag ich Pilze.

FRAGEN, DIE SIE SICH IN BEZUG AUF IHREN TWITTER-CONTENT STELLEN SOLLTEN

Ist er treffend?

Ist der Hashtag einzigartig und einprägsam?

Ist das angefügte Bild von hoher Qualität?

Klingt der Ton authentisch?
Spricht er voraussichtlich das Twitter-Publikum an?

RUNDE 5:

MACHEN SIE ES SCHÖNER
AUF
PINTEREST

- Start: März 2010
- 48,7 Millionen Nutzer
- Im Jahr 2012 um 379.599 Prozent gewachsen.
- Von 2011 bis 2012 stieg die Nutzung der Pinterest-Mobile-App um 1.698 Prozent und die Zahl der Seitenaufrufe über die Mobilgeräte stieg unglaublicherweise um 4.225 Prozent.
- 80 Prozent der Pinterest-Nutzer sind Frauen und die Hälfte davon Mütter.
- Der am häufigsten repinnte Pin ist ein Rezept für Knoblauchkäsebrot.

DER KAMPF UM KUNDEN

Wenn Sie nicht gerade ein Produkt verkaufen, das keine Frau jemals für sich oder eine ihr nahestehende Person haben wollte – und von diesen Produkten gibt es relativ wenige – oder Sie nicht von Ihrer Rechtsabteilung ausgebremst werden,* dann wäre es ganz schön blöd von Ihnen, nicht auf Pinterest präsent zu sein. Und selbst wenn Sie der festen Überzeugung sind, dass Sie der weiblichen Nutzergruppe nichts verkaufen können, die mit ca. 80 Prozent auf Pinterest deutlich stärker vertreten ist als die männliche Nutzergruppe, sollten Sie unbedingt dieses Kapitel weiterlesen. Auch wenn die Führhände und rechten Haken auf Pinterest auf plattformspezifische Weise funktionieren, schadet es sicher nicht, wenn Sie mehr darüber lernen, wie Unternehmen sich die Kräfte erfolgreich zunutze machen, die hinter dem kometenhaften Aufstieg von Pinterest stehen. Auf diese Weise beflügeln Sie Ihre Kreativität für die Entwicklung neuer Strategien, um Verbraucher auf anderen Plattformen zu erreichen.

Pinterest wurde erfunden, um Leuten dabei zu helfen, Online-Sammlungen von Dingen zu erstellen, die sie lieben und von denen sie inspiriert werden. Anfangs fungierte es als Paradies für Gourmets, Modeliebhaber und Leute, die Ideen für die Renovierung und Dekoration ihrer Wohnräume suchten. Dann schossen die Nutzerzahlen schnell in die Höhe, sodass aktuell die Interessen und Hobbys von circa 48 Millionen Nutzern auf der Plattform vertreten sind. Das entspricht 16 Prozent der US-amerikanischen Internetnutzer. Bei Twitter ist es gerade einmal ein Prozent mehr. Trotz seines kometenhaften Popularitätsanstiegs dauerte es eine geraume Zeit, bis etablierte Marken anfingen, Pinterest ernst zu nehmen. Das ist schockierend, oder?

Natürlich hatten sie ihre Gründe. Einer davon war wahrscheinlich, dass die Unternehmen sich bei dem Versuch, mit Facebook und Twitter Schritt zu halten, bereits vergeblich abmühten. Sie wollten einfach nicht in ein weiteres zeitaufwendiges soziales Netzwerk investieren, das aus ihrer Sicht nur ein weiterer Fehlschlag war. Ihre Zaghaftigkeit war wahrscheinlich auch auf anfängliche Bedenken wegen der Risiken von Urheberrechtsverletzungen zurückzuführen. Diese Risiken bestehen natürlich, wenn Leute auf einer Website Bilder austauschen, die ihnen nicht gehören. Wie gewöhnlich standen die großen Unternehmen sich durch ihre Bedenkenträgerei selbst im Wege und überließen damit das Feld den mutigeren, beweglicheren Einzelunternehmern und kleinen Firmen, die bereit waren, auf einer neuen Plattform mit verschiedenen Storytelling-Rezepten zu experimentieren. Es bleibt festzuhalten, dass niemandem der

---

*) Auch hier haben kleine Unternehmen einen Vorteil – sie müssen sich nicht mit einer paranoiden Rechtsabteilung herumschlagen!

Prozess gemacht wurde. Im Großen und Ganzen ist Pinterest ein riesiger Verein zur gegenseitigen Bewunderung. Welches Unternehmen wird ein anderes dafür verklagen, dass es ein Bild seines Produkts gepinnt hat? Schließlich ist das ja eine coole Sache, insbesondere wenn der Pin einen Link enthält, der den Verbraucher direkt zu der Einzelhändlerseite des Produkts führt?

Mittlerweile hat Pinterest seine Nutzungsbedingungen überarbeitet, hat Business-Accounts eingeführt und die Einführung von unternehmensfreundlichen Funktionen geplant. Seither sind mehr Marken bereit, Pinterest in ihr Social-Media-Portfolio aufzunehmen. Versprechen Sie den Leuten in Ihrer Rechtsabteilung, was sie wollen, damit sie nachts ruhig schlafen können. Aber dann sollten Sie keine Minute länger zögern, bevor Sie einen Account anlegen, damit Sie endlich Ihre Story an die Millionen von Menschen bringen können, die die Website begierig nach etwas Neuem und Inspirierendem durchforsten.

DAS EINMALEINS DER PINTEREST-PSYCHOLOGIE

Wieso ist Pinterest so beliebt? Nun ja, die Plattform macht einen guten Job. Sie macht es den Nutzern leicht, Online-Inhalte und Ideen an einem einzigen Platz auf virtuellen Schwarzen Brettern namens Pinboards zu sammeln. Dort können sie Bilder aus dem Internet, die ihnen gefallen, „pinnen", um sie dauerhaft abzuspeichern. Aber das ist noch lange nicht alles. Pinterest spricht dasselbe Bedürfnis an, aufgrund dessen Teenager ihre Garderobenschränke mit Bildern ihrer Lieblingsbands dekorieren, Büroangestellte ihren Arbeitsplatz mit Wackelkopffiguren und Fotos von ihrer Motorradtour durch Argentinien verschönern, Hauseigentümer Kunstgegenstände in die Mitte eines zur Straße hinausgehenden Fensters hängen oder Autofahrer Aufkleber auf ihre Autos klatschen. Wir lieben Zurschaustellungen und Symbole und Zeug, das der Welt schnell und ohne Worte erzählt, wer wir sind. Mehr noch, wir lieben es, auf visuelle Weise daran erinnert zu werden, wer wir gerne wären. Vielleicht ist unser Zuhause vollgestopft und unsere Cellulite außer Kontrolle und wenn wir tiefsinnig sein wollen, fallen uns vielleicht nur die Weisheiten aus Glückskeksen ein. Im Internet zeigen unsere Pinterest-Sammlungen jedoch, dass wir davon träumen, in einer „Schöner Wohnen"-Umgebung zu leben und elegante Kleider über unsere schlanke Figur zu drapieren, während wir mühelos Henry David Thoreau und den Dalai Lama zitieren. Ambitionen und das Besitzenwollen sind zwei der stärksten menschlichen Antriebe, die die Leute zum Kaufen führen. Pinterest kann beide Bedürfnisse befriedigen.

Die Zahlen beweisen, dass die Leute die Plattform aufsuchen, um ihre materiellen und emotionalen Wunschlisten abzuarbeiten. Eine Umfrage von Steelhouse zeigt, dass 79 Prozent der Pinterest-Nutzer eher etwas kaufen, was sie auf Pinterest gesehen haben, als etwas, was sie auf Facebook gesehen haben. Pinterest generiert vier Mal mehr Umsatz pro Klick als Twitter. Einige kleine Unternehmen, die schon früh mit Pinterest experimentiert haben, konnten einen Umsatzzuwachs von 60 Prozent verzeichnen. Zwischen 2011 und 2012 stieg der Anteil von

Pinterest am Social-Media-getriebenen Umsatz für Interneteinzelhändler sprunghaft von 1 Prozent auf 17 Prozent.

Aufgrund dieser Statistiken sollten Sie schleunigst den knallroten „Join Pinterest"-Button anklicken, um Ihren Account einzurichten, falls Sie nicht schon einen haben. Das gilt auch, wenn Sie meinen, Ihr Produkt sei nicht fotogen oder Ihre Dienstleistung ließe sich nicht gut bildlich darstellen oder sei zu sehr örtlich gebunden. Bestimmte Plattformen sind von Natur aus vielleicht passender für bestimmte Arten von Marken, aber das, was Ihre Marke auf jeder Plattform erreichen kann, ist grundsätzlich nur durch Ihre eigene Kreativität beschränkt. Dass auf Pinterest die Leute Ihren Boards folgen können, nicht nur Ihrer Marke, stellt einen besonderen Spaßfaktor dar und macht die Plattform einzigartig. Das heißt, selbst wenn die Darstellung Ihres Produkts auf Pinterest gewissen natürlichen Beschränkungen unterliegen sollte, können Sie immer noch Aspekte Ihrer Marke erkunden, die Sie in anderen Formaten vielleicht eher unter Verschluss halten würden aus Angst, Ihre Markenbotschaft zu verwässern. Pinterest gibt Ihnen die Möglichkeit zu einem freieren Umgang mit Ihrem Markenimage.

LERNEN SIE ZUNÄCHST DIE KUNST DES PINNENS

Pinterest ist eine Augenweide, daher muss jeder Pin visuell überzeugen. Betrachten Sie Ihren Pin als ein Sammlerobjekt. Ihre Bilder müssen zu Klicks motivieren und mit öden, langweiligen Bildern werden Sie dies nicht erreichen. Wenn es keine Klicks gibt, besteht auch keine Chance, dass Nutzer auf Ihre Seite kommen, Ihre Story aufnehmen und in Ihre Welt eintreten. Behalten Sie dies im Auge, ob Sie nun Ihren eigenen Content kreieren oder Content von den Boards anderer Leute repinnen.

Pinterest-Nutzer organisieren ihre Internetfunde in Kategorien beziehungsweise Boards, und Unternehmen können ihren Content auf dieselbe Weise anordnen. Sie können einige Boards verwenden, um virtuelle Schaufenster zu schaffen. So können Sie den Nutzern dabei helfen, schnell und leicht zu finden, was sie suchen – gerade so, als würden sie sich in einem realen Ladengeschäft befinden. Wenn Sie also ein Teegeschäft haben, könnten Sie Bilder unter Boards pinnen, die die Bezeichnungen grüner Tee, schwarzer Tee, indischer Tee, chinesischer Tee und so weiter tragen. Entsprechend könnten Sie Bilder mit einer Preisangabe pinnen. Wenn Sie dies tun, erhöht sich nämlich die Anzahl der „Gefällt mir"-Angaben, die Ihr Pin erhält, um 36 Prozent und damit auch Ihre Chance auf einen Verkauf. Alle Pins sind mit ihrer Ursprungsquelle verlinkt, in diesem Fall mit Ihrer Website, sodass der Betrachter mit einem Klick auf das Bild zu Ihrem Kunden werden kann. So einfach ist das.

Nur wenige Pinterest-Nutzer beginnen ihren Besuch der Website jedoch damit, dass sie direkt die Seite einer Marke aufrufen; normalerweise gelangen sie dorthin, indem sie den Bildern folgen, die von anderen repinnt wurden. Allerdings ist eine Beschreibung wie „grüner Tee" nicht besonders aufregend, und nur ein äußerst leidenschaftlicher Teeliebhaber wird sich motiviert fühlen, das entsprechende Bild zu repinnen oder diesem Board zu folgen. Wenn jemand anders es tut, dann wahrscheinlich nur deshalb, weil Sie eine Führhand gepinnt haben – etwas, das die Aufmerksamkeit einer Verbraucherin erregt hat und sie dazu gebracht hat, sich Ihre Seite näher anzusehen. Etwa ein Pin mit dem Titel „Tee, den Sie nach einem schlechten Date trinken" oder „Tee, um die Schwiegereltern zu bezirzen" oder „Tee, um die Sommerferien zu feiern". Nun haben Sie Kontext geschaffen, der zeigt, dass die Erfahrung der Nutzerin Ihnen wichtig ist und dass Ihre Marke einen Platz in ihrem Leben hat. Das ist die Art von Beziehungsaufbau zwischen der Marke und dem Verbraucher, welche die Leute motiviert, auf ihren eigenen Boards zu repinnen. Dadurch erhöht sich die Anzahl der Leute, die Ihre Marke kennenlernen, exponentiell. Dies wiederum führt zu mehr Einblendungen und mehr Klicks, um herauszufinden, woher der Content stammt, und so weiter und so fort in der Social-Media-Spirale, bis die Leute auf Ihrer Website landen. Dort sind Sie dann perfekt positioniert, um mit einem soliden rechten Haken den Verkauf abzuschließen.

SETZEN SIE DIE FÜHRHAND EIN, UM ANGENEHME ÜBERRASCHUNGEN ZU SCHAFFEN

Viele Marken und Unternehmen konzentrieren sich ausschließlich darauf, ihren Original-Content zu pinnen, aber ebenso wie bei Twitter ist es enorm wichtig, dass Sie dem Content, den andere auf die Plattform bringen, Ihre eigene Prägung geben. Vielleicht führt das nicht direkt zu Verkäufen, aber Sie bieten den Verbrauchern einen Mehrwert, indem Sie deren Vertrauen gewinnen. So erhöhen Sie den Anreiz für sie, zu Ihnen zu kommen, wenn sie Ihr Produkt oder Ihre Dienstleistung brauchen. Zum Beispiel könnte eine Teeverkäuferin ein Foto eines schönen Teekessels unter einem Board mit der Bezeichnung „Teezubehör" repinnen. Sie könnte dann darunterschreiben: „Schön anzusehen, aber seien Sie vorsichtig. Wenn der Kessel nicht ganz gefüllt ist, müssen Sie ihn praktisch umdrehen, um Wasser auszugießen, wodurch Ihre Hand sich direkt in dem aufsteigenden Dampf befindet. Wir sind sicher, dass das Unternehmen bereits an der Behebung dieses Designfehlers arbeitet." Sie ziehen nicht über das Produkt her, Sie konstatieren nur eine Tatsache basierend auf Ihrer Erfahrung mit Teekesseln. Dieselbe Teeverkäuferin könnte auch ein Foto eines Cocktailkleides mit der Beschreibung „Tee schmeckt besser in Satin" repinnen. Solche Repins, die wie von einem DJ präsentiert wirken, sind es, die Sie auch twittern sollten. Natürlich hat jeder Tweet das Potenzial, Twitter-Follower auf Ihre Pinterest-Seite zu bringen. Allerdings gilt auch hier: Immer wenn Sie zu einer Debatte oder Diskussion einladen oder Ihrem Content lustige und überraschende Elemente hinzufügen, erhöhen Sie die Wahrscheinlichkeit, dass Sie nicht nur eine Kundenbeziehung aufbauen, sondern eine Beziehung, die zum Kauf führt.

Eine effektive Methode, mehr Follower zu gewinnen, besteht darin, Boards zu schaffen, die nur am Rande einen Bezug zu Ihrer Marke haben. Wenn alle Ihre Pins sich um Tee drehen, werden Sie nur eine bestimmte Nutzergruppe erreichen, die sich für Tee interessiert.

Wenn Sie aber ein Board mit dem Titel „Wo man sich nach einer Tasse Tee ausruhen kann" einrichten und Fotos toller Hotels und anderer Unterkünfte in Großbritannien, Indien und Asien pinnen, erreichen Sie eine ganz andere Kategorie von Verbrauchern, wie Urlauber, Flitterwöchner und Geschäftsreisende. Und wenn Sie dies auf authentische Weise machen, könnten Sie sogar erfolgreich eine Community mit Boards aufbauen, die überhaupt keinen Bezug zu Ihrer Marke haben. Hier haben kleine Firmen und Einzelunternehmer gegenüber größeren Unternehmen wirklich einen Vorteil, denn ihre Rechts- und PR-Abteilungen haben deren Persönlichkeit noch nicht erstickt. Sie können Pins über die Stadt, in der Sie leben, kreieren; Pins über Musik, Bücher und Filme; Pins über Haustiere; Pins über Wohltätigkeitsprojekte, die Ihr Unternehmen unterstützt. Es ist eine fantastische Methode, Ihre ungekürzte Story zu erzählen, und dabei müssen Sie noch nicht einmal ein Wort sagen.

Wenn Sie auf diese vielseitige und kreative Weise die Führhand einsetzen, werden die Leute viel eher auf Ihre rechten Haken achten. Unter den praktischen Listen mit grünen, schwarzen und Pu-Erh-Tees und den subtilen Listen wie „Tees, die man nach einem schlechten Date trinken sollte" und „Tees für den Sonntagmorgen" sollten Sie auch eine aggressive Verkaufsaktion haben wie „Tees, die wir diesen Monat empfehlen". Wenn Sie genug überzeugende Führhände gelandet haben, wird niemand daran Anstoß nehmen, gelegentlich mit einem rechten Haken konfrontiert zu werden. Im Gegenteil, die Leute werden sich freuen, dass Sie es ihnen so einfach gemacht haben, Ihr Produkt zu testen.

SETZEN SIE DIE FÜHRHAND EIN, UM IHRE COMMUNITY AUFZUBAUEN

Kommentare sind auf Pinterest zunehmend im Kommen und sie sind eine ausgezeichnete Methode, den Nutzer zu Entdeckungen anzuregen. Da nur so wenige Leute auf dieser Plattform aktiv Kommentare nutzen, um Kontext und Markenwahrnehmung aufzubauen, ist es eine einfache Methode für Marken, sich von der Masse abzuheben und auf sich aufmerksam zu machen. Wenn Sie auf Twitter sind, wissen Sie, wie dies funktioniert. Finden Sie Gelegenheiten, um mit Leuten zu sprechen, die ähnliche Interessen wie Sie selbst haben. Zeigen Sie echtes Interesse an den Pins anderer Leute und versuchen Sie, über Gespräche Kontext hinzuzufügen. Wenn Sie mit anderen Pinterest-Nutzern interagieren, schaffen Sie Gründe dafür, dass diese auf Ihren Namen klicken, um mehr über Sie zu erfahren. Auch Ihre Beschreibungen können anderen Gelegenheiten zum Kommentieren bieten. Ein Pin mit einem provokativen Titel wie „Tee, den Sie nach einem schlechten Date trinken sollten" wird höchstwahrscheinlich jemanden ansprechen, der dann einen Kommentar in folgendem Stil schreiben wird: „Hoffentlich brauche ich diesen Tee heute Abend nicht." Oder: „Wo ist der Tee gewesen, als ich ihn letzte Woche gebraucht habe?" Und da ist er – der perfekte Auftakt, um eine Beziehung aufzubauen, Ihre Community zu erweitern und den Leuten einen Mehrwert zu bieten, wenn auch nur in Form einer neuen, lustigen Art und Weise, sich über den bedauerlichen Zustand des Dating-Pools zu beklagen. Zudem geben Kommentare den Marken die Möglichkeit, den Pins anderer Leute ihre Perspektive hinzuzufügen. Wenn der Teekesselhersteller merkt, dass ein Teeverkäufer das Design eines seiner Produkte kritisiert hat, sollte er sofort reagieren. Entweder sollte er erklären, dass der Verkäufer den Teekessel offenbar falsch verwendet hat, oder den Fehler zugeben und eine öffentliche Zusage machen, dass Maßnahmen zur Behebung des Problems ergriffen werden.

BEFOLGEN SIE DIE REGELN

Pinterest gibt sich große Mühe, eine angemessene Netiquette auf der Website sicherzustellen. Bei näherer Betrachtung unterscheiden sich die Regeln auf Pinterest jedoch kaum von den Regeln im realen Leben. Als Unternehmer müssen Sie in erster Linie freundlich sein. Zeigen Sie Ihren Kunden, dass sie Ihnen wichtig sind. Präsentieren Sie Ihre Waren auf eine attraktive und atmosphärische Weise. Geben Sie großzügig Ihr Wissen weiter. Seien Sie wahrhaftig. Wenn Sie etwas nicht liefern können, was eine Kundin sucht, dann helfen Sie ihr, einen anderen Anbieter zu finden, der es liefern kann. Nutzen Sie jeden Kundenkontakt, um Storys darüber zu entwickeln, wer Sie sind und wofür Ihre Marke steht. Dann – und wirklich erst dann – setzen Sie alles ein, was Sie haben, um Ihren rechten Haken zu landen.

BEBILDERTE KOMMENTARE

WHOLE FOODS: Den Traum nähren

Über die Hälfte der Leute auf der Seite werden nie den Dreischichtkuchen backen, den Whole Foods gerade repinnt hat, und noch viel weniger werden eine Speisekammer wie diejenige haben, die auf dem „Hot Kitchens"-Board des Unternehmens präsentiert wird. Es schadet aber nichts, ein paar Träume zu haben, und Whole Foods weiß das. Tatsächlich ist Whole Foods selbst fast so etwas wie eine Traumfabrik. Zwar können es sich wahrscheinlich nur wenige Leute leisten, ausschließlich bei Whole Foods einzukaufen oder sich so zu ernähren, dass es den Ernährungsempfehlungen von Whole Foods entspricht, aber die meisten von uns würden es sicher gerne tun. Mit diesem Pin und vielen anderen auf seiner Pinterest-Seite zeigt Whole Foods, dass es Pinterest als den Kanal betrachtet, durch den es unser Streben und unsere Sehnsucht nähren kann, den Idealen von Whole Foods gerecht zu werden. Deshalb postet Whole Foods nicht nur großartige Fotos von dem Essen, das wir gerne kochen und essen würden, auf seiner Pinterest-Seite, sondern auch Fotos der Orte, wo wir das Essen gerne zubereiten und essen würden. Dieser Micro-Content funktioniert aus folgenden Gründen:

- **Qualitativ hochwertiger Content:** Es gibt einen Grund, warum Immobilienmakler und Köche ihre Objekte oder ihr Essen nicht selbst fotografieren – niemand würde das wollen. Professionelle Fotografen wissen, wie man die Produkte richtig beleuchtet und platziert, um sie von ihrer besten Seite zu zeigen. Die Bilder dienen den Fans als Inspiration, die sich gerne vorstellen, dass sie die luxuriösen Innenausstattungen und Gerichte, die sie in Blogs und Zeitschriften sehen, bei sich zu Hause nachahmen und nachkochen. Die Tatsache, dass dies fast unmöglich ist, da oft nur die spezielle Beleuchtung und andere Tricks des Fotografenhandwerks das Objekt so perfekt aussehen lassen, spielt dabei keine Rolle. In vielen Fällen, besonders bei Immobilien und Essen, geht es den Verbrauchern darum, sich ein ideales Leben zu kaufen, nicht ihr echtes. Mit diesem repinnten Foto gelingt es Whole Foods, das Publikum in beiden Welten zu fesseln. Das Foto hätte durchaus in einer Ausgabe von *Architectural Digest* erscheinen können, und es wurde tatsächlich von dem Fotografen Evan Joseph aufgenommen, der laut seiner Website ein Spezialist für Architektur- und Innenausstattungsfotos ist.

- **Botschaften für den anspruchsvollen Verbraucher:** Diese spezielle Speisekammer, die sich in einem Herrenhaus mit einer Wohnfläche von 9.000 Quadratmetern (das den Namen Stone Mansion trägt) auf dem ehemaligen Frick-Grundstück in New Jersey befindet, zeigt nur, wie unerreichbar ein solcher Raum für die meisten Leute ist. Indem Whole Foods das Bild auf dem „Hot Kitchen"-Board teilt, macht es jedoch folgende Aussage: „Unsere Kunden verdienen es, so zu leben." Und das ist eine starke Botschaft.

- **Das Gemeinschaftsgefühl wird gefördert:** Whole Foods hat diesen Content nicht selbst kreiert; es handelt sich um einen Repin aus einem Blog über gesundes Essen und Lifestyle namens ingredients, inc. Das Material anderer zu repinnen ist eine gute Methode, die Aufmerksamkeit potenzieller Neukunden zu gewinnen. Es ist auch eine gute Methode, Ihre Marke menschlicher erscheinen zu lassen. Es zeigt, dass Sie im Internet unterwegs sind, die Blogs und Websites Ihrer Kunden lesen und sich für dieselben Dinge interessieren wie sie.

- **Langfristige Reichweite:** Auch wenn das „Hot Kitchens"-Board zu Whole Foods gehört, steht es momentan mindestens fünf Content-Lieferanten offen, die alle starken Einfluss in den sozialen Medien haben. Auf diese Weise verfolgt Whole Foods eine fortschrittliche Strategie: indem es sich darauf konzentriert, von den langfristigen Vorteilen der Zusammenarbeit und der Mundpropaganda zu profitieren, anstatt auf den kurzfristigen Auftrieb zu setzen, den einmalige Werbeaktionen für eine Marke oder ein Produkt bringen.

JORDAN WINERY: Sinn für Qualität

Jordan Winery versteht es, die speziellen Funktionen zu seinem Vorteil zu nutzen, die Pinterest gegenüber den anderen Social-Media-Plattformen auszeichnen:

- **Anspruchsvolle, Pinterest-typische Fotos:** Ein Blick auf das gestochen scharfe Hochglanzfoto von Wein und Käse, das auch gut in eine Zeitschrift passen würde, genügt und Sie fangen an, sich vorzustellen, dass Sie ein romantisches Date an einem Strand haben oder Gastgeber einer eleganten Party sind. Das Foto legt nahe, dass Jordans Wein für Leute mit Geschmack gedacht ist. Das passt auch perfekt zu der anspruchsvollen Pinterest-Nutzerschaft. Das Bild sieht nicht aus, als würde es aus einer Bilddatenbank stammen. Eher hätte die Zeitschrift *Saveur* es bei einem Foto-Shooting für ein Firmenprofil aufnehmen können.

- **Kluge Etikettierung:** Obwohl das Foto Leute mit einem Sinn für die feine Lebensart ansprechen soll, hat Jordan Winery es auf ein Board namens „Das Wein-Einmaleins" gepinnt. Anders gesagt, die Zielgruppe der Winzerei sind zwar Weinkenner, aber niemand bei Jordan Winery ist ein Snob – das Unternehmen beliefert auch „Weinneulinge".

- **Gute Verwendung von Links:** Das Bild fungiert als Ausgangspunkt zu umfangreicherem Content. Wenn man auf das Foto klickt, gelangt man direkt zu einem Artikel auf der Unternehmenswebsite. Dieser beschäftigt sich mit dem Nachdenken und Experimentieren, auf dem erfolgreiche Zusammenstellungen von Wein und Käse beruhen. Zudem findet man dort Informationen darüber, wie man sich für die Besichtigungen und Weinproben anmelden kann, die in der Winzerei angeboten werden.

Mit diesem Micro-Content werden sowohl Weinliebhaber als auch Social-Media-Nutzer erfolgreich angefüttert, und dafür bekommt das Unternehmen ein dreifaches Bravo!

CHOBANI: So erreicht man die Herzen der Nutzer

Wie bereits erwähnt, besteht das Pinterest-Publikum zu 80 Prozent aus Frauen, und 50 Prozent aller Pinterest-Nutzer haben Kinder. Mit dieser auf Kinder bezogenen Werbeaktion zeigt Chobani, dass es weiß, wie man die Herzen des Pinterest-Publikums berührt.

- **Das Foto:** Es ist lustig, bunt und einfach. Dieses Bild wurde ausgewählt, um Eltern zum Lächeln zu bringen, und angesichts der Anzahl an Repins hat das wahrscheinlich auch funktioniert.
- **Der Text:** Lustig, bunt und einfach.
- **Das Board:** Es ist ein kluger Schachzug, Kinder anzusprechen, und noch viel klüger ist es, dass die Marke sich selbst als Quelle für lustige, gesunde Snack-Ideen präsentiert, die Müttern – und wahrscheinlich auch Vätern – das Gefühl geben, Supereltern zu sein.

Bevor Sie etwas auf dieser Plattform posten, müssen Sie sich fragen, ob Ihr Posting den Pinterest-Test besteht: Könnte man es auch als Anzeige verwenden oder als Foto zu einem Artikel in einem Hochglanzmagazin? Wenn nicht, hat es hier nichts zu suchen. Für diesen gelungenen Einsatz der Führhand bekommt Chobani jedenfalls meine definitive Zustimmung.

ARBY'S: Wie man die falsche Botschaft aussendet

Schlimmer geht es nicht.

- **Das Foto:** Das Foto selbst ist so ungeschickt beschnitten, dass der Umriss der Apfeltasche ein treppenförmiges Muster hat. Damit sieht das Gebäck so aus, als käme es aus einem alten Nintendo-Spiel, wo es Ihren Avatar damit bedrohte, ihn mit Maissirup und Backfett zu ersticken.
- **Der Text:** „Arby's Apple Turnover." Wow! Was für ein kreativer Text!
- **Der Link:** Überraschenderweise hatte das Arby's-Team genug Ahnung, um das Foto mit der Arby's-Website zu verlinken.

Abgesehen davon, dass das Pinterest-Posting korrekt auf die Unternehmenswebsite verlinkt hat, war dieser Content glatte Zeitverschwendung. Wahrscheinlich hat das Internetteam von Arby's ihn in gerade mal zwei Minuten in die Tasten gehauen. Es sieht so aus, als hätte Arby's nur deshalb einen Pinterest-Account, weil jemand den Leuten im Unternehmen gesagt hat, dass sie einen haben sollten. Wenn sie echtes Interesse daran gehabt hätten, eine Pinterest-Strategie zu entwickeln, dann hätten sie sich auf eine bessere Qualität der Fotografie konzentriert. Und sie hätten sich um eine visuelle Darstellung bemüht, die das vorwiegend weibliche Publikum anspricht, das zufällig auf ihr Board stößt (denn niemand, der bei klarem Verstand ist, würde diesen Content jemals teilen). Mit einem Minimum an Aufwand hätten sie dafür sorgen können, dass dieses blasse, teigige Gebäck lecker aussieht oder zumindest weniger wie etwas, was schon seit 1985 in einer Supermarktauslage liegt. Unter den gegebenen Umständen sendet Arby's nur eine Botschaft an die Verbraucher: Bleibt bloß weg!

RACHEL ZOE: Kleine Fehler haben eine große Wirkung

Rachel Zoe bietet ein Beispiel dafür, wie oft es nur kleine Nuancen sind, die gute Führhände und rechte Haken von hervorragenden unterscheiden.

- **Das Foto:** Wir sehen eine schöne Tasche und eine klare Abfolge von Schritten, denen wir folgen müssen, um am „Pin to Win"-Wettbewerb teilzunehmen. Es zeigt eine kreative, aggressive Initiative, Pins spieletypisch zu gestalten und die Kunden aufzufordern, im Austausch für die Chance auf einen Gewinn an einer sozialen Interaktion teilzunehmen. Das Spiel wirkt auf der Plattform authentisch.
- **Die Links:** Klicken Sie auf das Foto der Tasche und Sie werden zu Neiman Marcus geführt, wo Sie einkaufen können. Klicken Sie auf den Link in der Schlagzeile unter dem Foto und Sie landen direkt bei den offiziellen Regeln. Bei Rachel Zoe gibt es jemanden, der sein Handwerk versteht.
- **Der Text:** Hier ist der kleine Schnitzer. Der Text wiederholt nur die drei klaren Schritte, die wir gerade unter dem Foto gelesen haben. Warum? Mit diesem Fehler hat Rachel Zoe das Nutzenversprechen ihres Pins geschwächt. Es wäre für die Kundinnen interessanter und nützlicher gewesen, wenn Zoe eine Beschreibung der Tasche geliefert und erst dann den Link mit den offiziellen Teilnahmeregeln eingefügt hätte.

Tatsächlich fehlt in diesem Pin wie auch auf dem ganzen Board, auf dem er erscheint, das, was auf vielen Pinterest-Seiten von Prominenten fehlt – der menschliche Aspekt. Rachel Zoes Name und Gesicht sollten über jedem Pin angezeigt werden; es wäre nett, wenn man den Eindruck hätte, dass Rachel Zoe den Pin gerade gepostet hat.

Dieser Pin hat nur kleine Mängel, aber sie machen einen enormen Unterschied.

BETHENNY FRANKEL: Ins Nichts verlinkt

Bethenny Frankel, die Erfinderin der Cocktailmarke Skinnygirl, ist eine Heldin für jede Frau, die ebenso gern eng anliegende Jeggings trägt, wie sie trinkt. Es ist nur jammerschade, dass sie nicht so sehr auf die Details ihrer Pinterest-Boards geachtet hat wie auf ihr Produkt.

- **Das Foto:** Es ist erfrischend, ab und zu ein Foto auf Pinterest zu sehen, das die ungeschminkte Realität zeigt, insbesondere auf der Seite eines Prominenten. Man könnte wirklich glauben, dass Bethenny das Foto vielleicht selbst gemacht hat. Normalerweise wollen die meisten Leute bei einem Produkt, das mit Essen oder Trinken zu tun hat, nicht so etwas Schmieriges sehen, aber das Bild führte zu relativ viel Interaktion. Der Do-it-yourself-Charakter des Fotos hat also nicht zu viele Leute abgeschreckt. Dafür bekommt das Foto ein „ausreichend".
- **Der Text:** Skinnygirl-Granatapfel-Margarita. Viel mehr gibt es nicht zu sagen, insbesondere wenn ein Klick auf das Bild den Verbraucher wahrscheinlich zu einer Rezeptseite oder einem anderen unterhaltenden Content auf der Skinnygirl-Website führen wird. Oh… Moment mal…
- **Der Link:** Wenn die Nutzer dem Link des Bildes folgen, landen sie auf einer 404-Fehlerseite, auf der es heißt „Seite nicht gefunden". Das ist einfach unverantwortlich. Die Entschuldigung mit dem Bild des schlafenden Hundes ist niedlich, aber es macht die Tatsache nicht wieder gut, dass das Unternehmen gerade die Zeit und die Gunst des Kunden verschwendet hat. Es ist ein Schnitzer, der die Marke unprofessionell wirken lässt.

RUNDE 5: MACHEN SIE ES SCHÖNER AUF PINTEREST

UNICEF:
Hier geht es offenbar nicht ums Storytelling, sondern um den Vertrieb

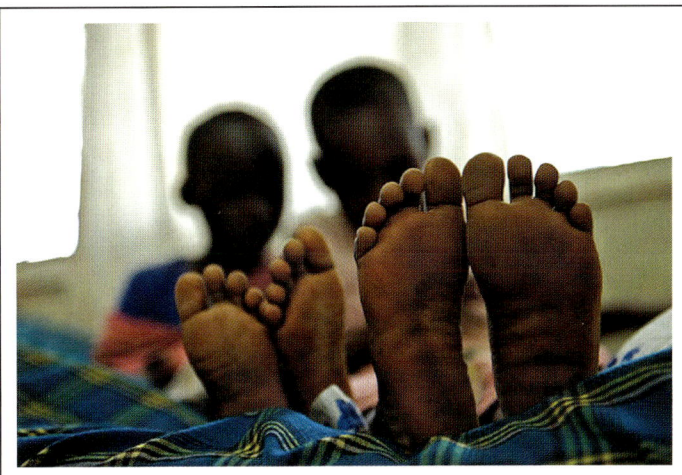

Es ist gut zu wissen, dass UNICEF fortschrittlich genug ist, um auf Pinterest zu sein. Leider scheint man aber nicht begriffen zu haben, worum es geht.

- **Foto:** Dieser Content ist ein klassisches Beispiel dafür, wie Marken irrigerweise Social-Media-Plattformen als Vertriebszentren und nicht als Storytelling-Orte verwenden. Dieses Foto erscheint auf zwei Boards. Zuerst wurde es auf ein Board mit der Bezeichnung „Can You See me?" gepinnt und dann noch einmal auf ein Board mit der Bezeichnung „Nonprofit Media". Indem UNICEF dasselbe Foto und denselben Text auf verschiedenen Boards postet, setzt es auf die Quantität statt auf die Qualität der Einblendungen. Doch diese Strategie beeinträchtigt die mögliche Wirkung jedes Fotos auf der Website. Es läge durchaus im Interesse der Marke, insbesondere einer Marke wie UNICEF, die über so viel emotional aufgeladenen Content verfügt, die Boards richtig zu pflegen und die Gefühle der Nutzer in klare Handlungsaufforderungen zu kanalisieren. Das Foto hätte zu mehr Aufmerksamkeit und mehr Interaktion geführt, wenn es auf einem Board gepostet worden wäre, das direkt Leute anspricht, die sich dafür interessieren, jungen Aidskranken und -waisen zu helfen.

Wenn UNICEF irgendwann anfängt, seine unglaubliche Fotosammlung im Hinblick darauf zu zeigen, wie es seine vielen Storys am besten dem Pinterest-Publikum erzählen kann, wird die Reaktion der Nutzer sicher beeindruckend sein.

LAUREN CONRAD: Die Pinterest-Sprache sprechen

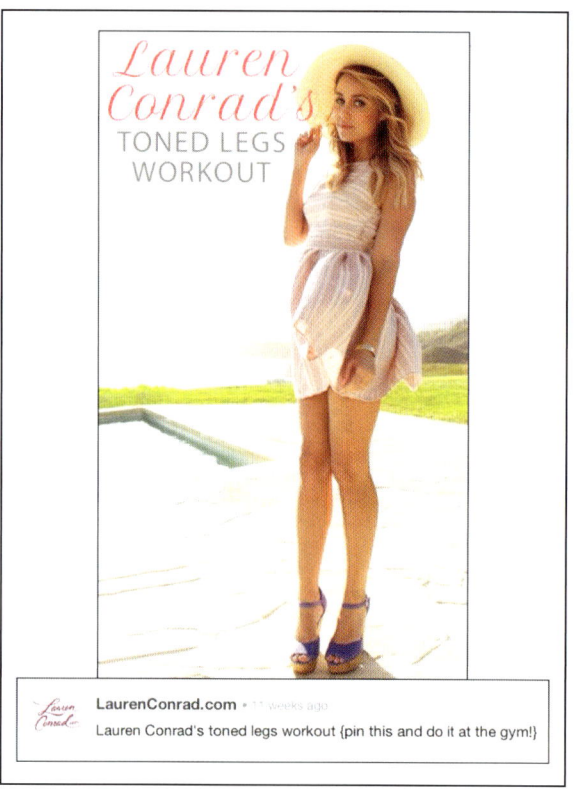

Lauren Conrads Content verdient hier eine Anerkennung, weil er sich der richtigen Pinterest-Sprache bedient. Alles daran ist darauf ausgerichtet, ein anspruchsvolles weibliches Publikum anzusprechen, das die Plattform liebt. Dieser Content würde auch als Anzeige oder als Bild in einem Artikel über Lauren Conrads Workouts funktionieren. Wenn Sie auf das Bild klicken, gelangen Sie auch tatsächlich zu Conrads Blog, wo sie ein Workout empfiehlt, mit dem Sie Ihre Beine für den Sommer in Form bringen. Mit fast 2.500 Repins zeigt dieser Pin, was passieren kann, wenn eine prominente Marke eine plattformspezifische Sprache spricht. Diese Werbeaktion zeigt deutlichen Respekt für die Plattform und eine Bezugnahme auf ihre Nutzergruppe. Sie trifft genau ins Schwarze.

LULULEMON: Das Ziel verfehlt

Wieder einmal wurde ein rechter Haken mit Knockout-Potenzial durch einen Fehler ruiniert.

- **Das Foto:** Infografiken verzeichnen auf Pinterest hohe Interaktionsraten und Lululemons spielerische Gestaltung der Suche nach einer perfekten Yogamatte stellt eine kreative und kluge Verwendung des Mediums dar.
- **Der Link:** Es gibt keinen. Ein Klick auf das Foto führt uns zu einer weiteren Version des Fotos. Pinterest ist der Ort, wo weiterführende Links den Traffic und die Interaktion erhöhen. Warum hat Lululemon nicht auf eine Einzelhandelsseite verlinkt, die eine Kollektion der in dem Posting beschriebenen Matten zeigt? Dann könnten die Interessenten, die ihre perfekte Matte gefunden haben, auch tatsächlich eine kaufen.

Es ist schon enttäuschend zu sehen, wie so eine gute Idee verschwendet wird.

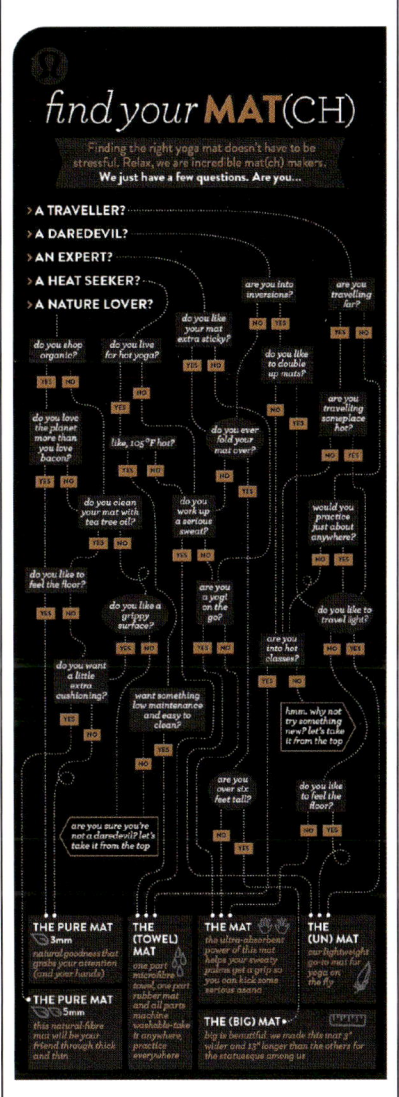

FRAGEN, DIE SIE SICH IN BEZUG AUF IHREN PINTEREST-CONTENT STELLEN SOLLTEN

Spricht mein Bild die Träume des Verbrauchers an?

Habe ich meinen Boards kluge, fantasievolle Titel gegeben?

Habe ich dort, wo es angemessen ist, einen Preis hinzugefügt?

Beinhaltet jedes Foto einen Hyperlink?

Könnte dieser Pin auch als Anzeige oder als Bild zu einem Artikel in einem Hochglanzmagazin fungieren?

Lässt dieses Bild sich leicht kategorisieren, sodass die Leute nicht zu sehr darüber nachdenken müssen, wo sie es auf ihren Boards repinnen sollen?

RUNDE 6:

SCHAFFEN SIE KUNST AUF AUF INSTAGRAM

- Start: Oktober 2010
- Mit Stand Dezember 2012 hat Instagram bereits 130 Millionen aktive Nutzer.
- Pro Tag werden 40 Millionen Fotos hochgeladen.
- Flickr brauchte zwei Jahre, um den Meilenstein von 100 Millionen hochgeladener Fotos zu erreichen; Instagram brauchte dafür nur acht Monate.
- Die Instagram-Fotos generieren 1.000 Kommentare pro Sekunde.
- Im Juni 2013 startete Instagram Video-Sharing.
- Instagram startete als Ortungs-App namens Burbn. Als die beiden Gründer Kevin Systrom und Mike Krieger sich entschlossen, die App umzugestalten, strichen sie alles außer den Foto-, Kommentar- und „Gefällt mir"-Funktionen.

DER KAMPF UM KUNDEN

Instagram ist ein weiteres soziales Netzwerk, bei dem der Fokus auf dem Visuellen liegt. Wie Pinterest hat es das, was ich gern einen „eingebauten Nutzen" nenne. Das heißt, dass es bei dem, was es tun soll, wirklich gut ist: Es soll Ihnen helfen, bessere Fotos mit Ihren Mobilgeräten zu machen. Und doch ist es für Marketingexperten eine viel anspruchsvollere Plattform. Anders als bei Pinterest, wo das Repinnen gerne gesehen wird, können die Nutzer nur ihre eigenen Instagram-Fotos teilen. Und während Sie auf Pinterest einen Hyperlink in Ihr Foto einbetten können, der die Nutzer mit einem Klick auf Ihre Produkt- oder Dienstleistungsseite führt, ist Instagram ein geschlossener Kreislauf. Jeder, der auf Ihr Instagram-Foto klickt, wird zu Instagram zurückgeführt. Das ist ein kluger Schachzug für Instagram, aber weniger gut für Marketingleute, die daran interessiert sind, Traffic auf eine bestimmte Website zu leiten.

Warum sollten Marken angesichts der Einschränkungen der App als geschäftlich nutzbares Instrument sich darum reißen, Fotos zu posten? Aus denselben Gründen, warum sie vielleicht Anzeigen in *Fine Cooking, Vogue, People* oder sogar in der Zeitschrift *Traveler for Charleston* platzieren. Wenn Sie die redaktionellen Inhalte zwischen den Anzeigen entfernen, ist ein Printmagazin im Wesentlichen eine kleinformatige Galerie schöner, provokativer oder verlockender Bilder. Es ist eine Konsumplattform und auch Instagram ist nichts anderes. Es bietet eine etwas interaktivere Erfahrung als ein Printmagazin, weil die Nutzer ein Bild mit einer „Gefällt mir"-Angabe versehen und kommentieren können. Es gibt auch ein Element des Teilens und Verbreitens insofern, als Sie Ihren Account mit Facebook und Twitter verbinden können. Auf diese Weise können Sie die Wahrnehmung Ihres Produkts vergrößern und Mundpropaganda fördern. Nutzer können einander auch folgen, auch wenn sie nicht formal „regrammen" können. Aber mal ehrlich, wenn Sie Fotos auf die Plattform laden, veröffentlichen Sie Content, mit dem niemand unmittelbar etwas anfangen kann, genau wie wenn Sie Anzeigen in Zeitschriften platzieren. Und Sie tun es aus demselben Grund: wegen der Reichweite. Sie werben in Zeitschriften, weil Sie wissen, dass Sie ein interessiertes Publikum erreichen können, das sich anhand der Abonnentenzahlen messen lässt. Instagram hat eine unglaubliche Reichweite, zum Zeitpunkt, da ich dieses Buch schreibe, 100 Millionen aktive Nutzer pro Monat. Da jede Sekunde ein neuer Nutzer hinzukommt, ist es durchaus wahrscheinlich, dass diese Zahl sich bis zur Veröffentlichung des Buches um weitere 15 Millionen erhöht. Wenn es sich für Ihre Marke lohnt, Zehntausende oder sogar Hunderttausende Dollar zu zahlen, um schönen Content in Zeitschriften zu platzieren, meinen Sie nicht, dass es sich dann auch lohnt, ähnlichen

Content kostenlos bei Instagram zu veröffentlichen?

Es ist diese Reichweite zu niedrigen Kosten, die Instagrams mangelnden sozialen Wert wettmacht. Die rasante Wachstumsrate der App beweist, dass die Leute sich zunehmend zu mobilem, bildbasierendem Content hingezogen fühlen. Wie immer sollten die Marketingexperten dorthin gehen, wo die Verbraucher hingehen. Betrachten Sie Instagram als eine der vielen Werbeplattformen, wo es darum geht, den richtigen Ton zu treffen, Ihre Story zu erzählen, Ihre Marke zu stärken und Einblendungen zu generieren.

Es ist keineswegs unmöglich, auf Instagram rechte Haken zu landen. Erinnern wir uns daran, dass es in der ursprünglichen Version von Twitter keine Retweet-Option gab. Bevor Twitter die Funktion entwickelte, haben Pioniere, darunter auch einige meiner Freunde und ich, die Tweets anderer Leute geteilt, indem sie sie markiert und in ihre eigenen Feeds kopiert haben. Die Leute machen Screenshots von Fotos, die ihnen auf Instagram gefallen, und reposten sie, oder sie verwenden zu diesem Zweck neu entwickelte Apps. Es gibt immer eine Notlösung, wenn man eine sucht. Sie können keinen Hyperlink in Ihr Bild einbetten, aber es gibt keinen Grund, warum Sie nicht eine Internetadresse in Ihre Beschreibung einfügen sollten. Die Leute sind nicht dämlich; sie wissen, was zu tun ist. Sie könnten die Leute sogar auffordern, Ihren Link aufzurufen und den Code „Instagram" zu benutzen, um einen zehnprozentigen Rabatt beim Kauf Ihres Produkts oder Ihrer Dienstleistung zu bekommen (auch wenn diese Handlungsaufforderung wie besprochen nicht zu so vielen Seitenaufrufen oder so hohen Umsätzen führen wird, wie wenn das Bild verlinkbar wäre). Sollten Sie das oft tun? Nein, wenn Sie zu viele Handlungsaufforderungen einbinden, wirkt das wie Spam. Aber hin und wieder ist nach dem Einsatz der Führhand auch ein rechter Haken völlig in Ordnung. Tatsächlich könnte Ihr rechter Haken eine lustige Überraschung sein, da momentan so wenige rechte Haken gelandet werden. Aber nur fürs Erste, weil die Marketingexperten, wie wir wissen, alles ruinieren.

EIN PAAR TIPPS, UM ERFOLGREICHEN INSTAGRAM-CONTENT ZU SCHAFFEN

1. Machen Sie es „Instagram-mäßig". Die Leute mögen Instagram wegen der Qualität des Contents, der bisher dort verfügbar gemacht wurde. Niemand geht auf Instagram, um Werbung und Fotos aus Bilddatenbanken zu sehen. Eigens erstellter Instagram-Content ist künstlerisch, nicht kommerziell. Nutzen Sie Ihren Content, um sich authentisch, nicht kommerziell auszudrücken.
2. Erreichen Sie die Instagram-Generation: Lernen Sie, Instagram so zu verwenden, dass es einen Nutzen für Sie hat – es wird Ihr Tor zur nächsten Generation der Social-Media-Nutzer sein. Die Kinder werden bald auf Instagram sein (sie sind bereits dort); während ihre Eltern immer noch auf Facebook sein werden. Davon bin ich ebenso überzeugt, wie ich 2011 davon überzeugt

war, dass Facebook Instagram kaufen würde. Im Frühjahr 2012 ist das tatsächlich auch geschehen, für eine Milliarde Dollar in Bargeld und Aktien. Ich habe den Kauf auf *Piers Morgan* am nächsten Tag gerechtfertigt. Dabei habe ich erklärt, dass es angesichts der Entwicklung des Contents von Flickr über Myspace, Facebook und Tumblr bis hin zu Pinterest klar sei, dass Bilder immer wichtiger werden und sie eines Tages die Social-Media-Welt beherrschen würden.* Als Instagram 2011 anfing, eine enorme Dynamik zu entfalten, konnte Facebook dies unmöglich ignorieren. Trotz allem, worüber Facebook verfügte – Newsfeed, Seiten, Anzeigen –, baute dieser Service auf Mobilanwendungen, und die Bilder stellten eine echte Bedrohung für ein Unternehmen dar, das der beste Foto-Sharing-Service sein wollte. Tatsächlich stellte es die einzige Bedrohung dar, mit der Facebook jemals konfrontiert wurde. Facebook musste Instagram einfach kaufen. Ich sagte, dass die Milliarde Dollar, die Facebook bezahlt hatte, ein Schnäppchenpreis sei, und man machte sich über mich lustig. Aber stellen Sie sich vor, heute lacht niemand mehr darüber.

3. Spinnen Sie ruhig mit Ihren Hashtags herum: Hashtags sind hier wichtig, vielleicht noch wichtiger als auf Twitter. Auf Twitter kann der Hashtag manchmal der Zuckerstreusel sein – die Prise Ironie, der Schuss Humor, den Sie einmal oder vielleicht zweimal täglich verwenden. Auf Instagram hingegen sind die Hashtags der ganze Kuchen. Man kann sie gar nicht im Übermaß verwenden. Fünf, sechs oder sogar zehn Hashtags hintereinander in einem Posting zu verwenden, ist keine schlechte Kommunikationsmethode. Und wenn Sie nicht wollen, dass Hashtags Ihren Posting-Text vollstopfen, kein Problem. Setzen Sie Ihre Hashtags in einen Kommentar zu Ihrem Foto und Sie erreichen damit dasselbe. Ein Klick auf einen Hashtag führt einen Nutzer zu einer ganzen Seite mit anderen Bildern mit demselben Hashtag. Es gibt keine bessere Methode, um mehr Einblendungen zu bekommen und Follower zu gewinnen. Hashtags sind die Zugänge, über welche die Leute Ihre Marke entdecken werden; ohne sie werden Sie unsichtbar bleiben.

4. Werden Sie „Explore-würdig": Der tollste, beeindruckendste Content auf Instagram wird in die sogenannte Explore-Seite gestreamt, die Ihren Content allen Instagram-Nutzern anzeigt, nicht nur denjenigen, die sich entschieden haben, Ihnen zu folgen. Instagram schwört, dass die Anzahl der „Gefällt mir"-Angaben, die der Content erhält, nicht der einzige entscheidende Faktor dafür ist, was in den Explore-Reiter gelangt, aber sicher ist es ein wichtiger. Es ist eine phänomenale Methode, um Einblendungen zu

---

*) Den *Piers Morgan*-Clip können Sie auf bit.ly/JJJRHPiersMorgan sehen.

generieren. Die meisten kleinen Unternehmen und selbst Fortune-500-Marken werden sich sehr wahrscheinlich nie in diesem exklusiven Klub wiederfinden, aber Prominente, die dieses Buch lesen, sollten die große Chance beachten.

BEBILDERTE KOMMENTARE

BEN & JERRY'S: Die Liebe teilen

Der Micro-Content des Eisherstellers Ben & Jerry's ist perfekt auf Instagram zugeschnitten – er ist knapp und niedlich. Das Produkt des Unternehmens springt visuell so ins Auge, dass auf das Logo verzichtet werden kann, das normalerweise zu einer guten Instagram-Werbeaktion unbedingt dazugehört.

Es ist immer toll, wenn eine große nationale Marke einen ihrer Fans präsentiert. Eine Schwedin, die ein Foto ihrer Imbissvorbereitungen postete, lieferte dieses Bild. Sie können sehen, wie Ben & Jerry's ihr ein Kompliment für das Foto macht und sie um die Erlaubnis bittet, es auf dem Instagram-Account unter Instagram.com/ebbawallden zu posten. Ben & Jerry hätte das nur noch durch ein virtuelles Augenzwinkern verbessern können: durch die Verbindung der Schüssel mit dem Herz, das erscheint, wenn ein Fan ein Posting mit einer „Gefällt mir"-Angabe versieht.

GAP: Das „Soziale" hinter den sozialen Medien verstehen

Probieren Sie aus, was passieren kann, wenn man einem Freund einen Gefallen tut. Er arbeitet bei dem Bekleidungseinzelhändler GAP und bittet Sie darum, Ihr fantastisches Geschick beim Schnitzen von Kürbissen für das Schnitzen des GAP-Logos einzusetzen. Sie erklären sich einverstanden. Sie posten ein Foto Ihres Kunstwerks auf Instagram. Eine Woche später denken Sie daran, die passenden Tags hinzuzufügen: #pumpkin, #gap, #logo. Ganz sicher bekommen Sie eine Nachricht von GAP, in der das Unternehmen um die Erlaubnis bittet, das Bild in seinem Instagram-Feed zu teilen.

Mit diesem Content zeigt GAP, dass es das „Soziale" hinter den sozialen Medien wirklich versteht und insbesondere weiß, wie man Material erkennt, das eigens für die Instagram-Plattform erstellt wurde. Content, der sich auf Feiertage bezieht, hat normalerweise hohe Interaktionsraten. GAP wäre also bescheuert gewesen, wenn es diese einmalige Gelegenheit hätte sausen lassen, GAP-Fans anzulocken und mit einem anderen Instagram-Nutzer zu interagieren, der Werbung für die Marke gemacht hat.

GANSEVOORT HOTEL: Storytelling für die Liebe

Das ist ein kluges, künstlerisches Foto und eine sagenhafte Aktion. Es ist die Art von Bild, die zu Herzen geht und ein unmittelbares Gefühl bei jedem weckt, der durch seinen Feed scrollt. Das eigens für Instagram erstellte Storytelling wirkt hier unheimlich brillant. Wenn man zweimal auf das Foto tippt, taucht das Herz fast genau am selben Ort auf wie das Herz am Strand. Das Foto wurde wahrscheinlich sogar entsprechend zugeschnitten, um diese Aktion zu ermöglichen. Mit dem klug gewählten Hashtag ist dies klassisches Storytelling, das Spaß macht. So etwas wollen die Leute teilen.

LEVI'S: Blind für die Möglichkeiten

Wenn es das Ziel war, Levi's Instagram-Follower dauerhaft zu blenden, dann könnte man das wohl einen starken rechten Haken nennen. Ansonsten ist es wirklich kaum verständlich, was Levi's hier erreichen wollte. Es sollte ein kreativer, weihnachtlicher Content sein. Weihnachtliche Themen sind besonders erfolgreich, weil sie Ehrfurcht, Nostalgie oder Erwartung wecken. Dieser Content weckt jedoch keinerlei Gefühle. Er erzählt auch keine Story, bezieht die Fans nicht ein und tut nichts, um die Marke Levi's zu stärken. Würde es sich um einen Glühbirnenhersteller oder ein Elektrizitätsunternehmen handeln, würde das Posting Sinn machen, aber was hat es mit einem Jeanshersteller zu tun? Es sieht aus, als hätte jemand ein Foto aus einer Datenbank in die Finger gekriegt und sich Mühe gegeben, um es irgendwie für die Weihnachtszeit passend zu machen. Das war eine überraschende Enttäuschung von einem Unternehmen, das normalerweise viel tut, um seine Marke zu stärken.

OAKLEY: Hier hat man an der falschen Stelle gespart

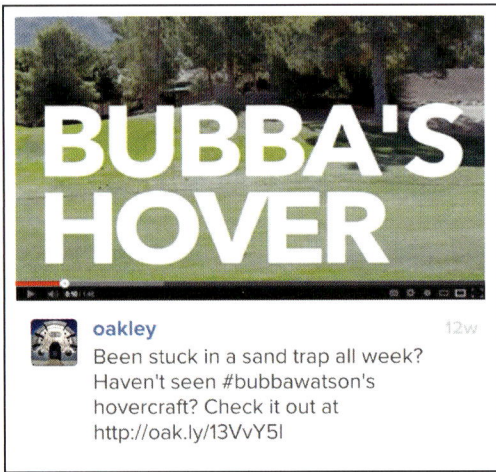

Ein Besuch von Oakleys Instagram-Profil zeigt eine Sammlung gekonnter Fotografien, auf denen umfangreiche Kollektionen von Sonnenbrillen und anderer Sportkleidung präsentiert werden. Aber jemand hat es vermasselt, als dieser Mist gepostet wurde. Und es ist jammerschade, weil die Gelegenheit zum Storytelling hier optimal war.

Oakley tat sich 2012 mit dem Masters-Turnier-Champion Bubba Watson zusammen, um den ersten Golfwagen mit Hovercraft-Antrieb zu produzieren. Dabei handelt es sich um eine fantastische Maschine, die mühelos über den Fairway, Wasserhindernisse und sogar Sandlöcher gleitet. Dank ihres außergewöhnlich leichten Aufstandsflächendrucks hinterlässt sie auch keine Spuren. Das Video, das erstellt wurde, um die Erfindung namens „Bubba's Hover" anzupreisen, wurde über drei Millionen Mal aufgerufen und vonseiten der Medien mit enormer Aufmerksamkeit bedacht. Natürlich wollte Oakley sicherstellen, dass seine Instagram-Fans es nicht versäumten, insbesondere als das Masters-Turnier 2013 bevorstand.

Ich gehe mal davon aus – und es ist wirklich nur eine Annahme –, dass Oakley den Erfolg dieses Contents daran maß, zu wie vielen Aufrufen des Videos er führte. Aus diesem Grund haben sie es vermasselt. Man kann nicht aus Instagram heraus verlinken, und nur wenige Leute machen sich die Mühe, einen Link zu markieren und ihn in ihren Browser zu kopieren. Da Oakley sich mehr darum kümmerte, Aufrufe des Videos zu bekommen, als richtig guten Content zu erstellen, hat es nicht angemessen berücksichtigt, dass es sich bei der Instagram-Nutzergruppe um junge und kreative Leute handelt. Oakley hätte in einer plattformspezifischen Art und Weise Storytelling betreiben können, indem es ein cooles, vielleicht aus einer ungewöhnlichen Perspektive aufgenommenes Foto des Hovercrafts in Auftrag gegeben hätte. Ebenso hätte man einen kreativen Foto-Teaser erstellen können, um die Instagram-Nutzer auf die Oakley-Website zu locken, wo das Video präsentiert wurde. Stattdessen hat Oakley einfach nur ein mieses Standfoto aus dem Video hochgeladen. Zwar hat es dafür Herzen gegeben, aber aufgrund der wenig durchdachten Umsetzung hat Oakley sich sicher viel Interaktion entgehen lassen.

THE MEATBALL SHOP:
Wie man Instagrams Schwäche mit starken Handlungsaufforderungen umgeht

Rechte Haken lassen sich auf Instagram schwieriger landen, da man nicht auf andere Websites verlinken kann, aber sie sind dennoch möglich. Entscheidend ist, dass Sie ein wirklich provokatives Storytelling in Ihren Text einbinden, damit die Leute auf Ihre Handlungsaufforderung reagieren. The Meatball Shop hat das verstanden und umgesetzt. So wird es gemacht:

- **Beginnen Sie mit einer cleveren Geschäftsidee: Gourmet-Fleischklößchen.**
- **Werden Sie mit besagten Gourmet-Fleischklößchen berühmt.**
- **Profitieren Sie von einem verrückten, aber echten Feiertag, dem National Meatball Day.**
- **Posten Sie ein passendes, Instagramgerechtes Bild.**

Binden Sie einen Hashtag ein und gestalten Sie Ihren Content spielerisch, indem Sie die Follower dazu auffordern, Fotos ihrer Lieblings-Fleischklößchenmomente zu posten. Als Gewinnchance winkt die Präsentation in den Instagram- und Twitter-Feeds des Restaurants und ein Grinder Hat, eine Mütze der Marke Grinder mit seitlich angebrachtem Meatball-Shop-Logo.

Etwa ein Prozent Ihrer Follower wird teilnehmen, und das ist viel für ein kleines Unternehmen mit einer kleinen Fanbasis.

Sie bekommen Lob für einen außergewöhnlich gut ausgeführten rechten Haken in einem Buch*, was noch mehr Leute auf den Shop aufmerksam macht. Und bei ihnen den Appetit auf Fleischklößchen weckt.

---

*) In zukünftigen Auflagen wird das Wort „Buch" hoffentlich durch „*New York Times*-Bestseller" ersetzt werden können.

BONOBOS: Kluge Werbung auf mehreren Plattformen

Bonobos hat als reine Internetmodemarke begonnen. Da die Marke also tief in der digitalen Welt verwurzelt ist, überrascht es nicht, dass sie enormes Know-how zeigt, wenn es darum geht, die Möglichkeiten zu erkunden, die neue Plattformen bieten. Die gleichzeitige Nutzung mehrerer Plattformen ist eine tolle Methode, um die Markenwahrnehmung über das Board hinaus aufzubauen. Hier zeigt Bonobos enormes Know-how: Das Modelabel landet nämlich einen rechten Haken, indem es Follower einlädt, seine Herbst/Winter-Kollektion auf Vine anzuschauen. Beachten Sie, wie hier der Hashtag richtig verwendet und zur Interaktion eingesetzt wird. Beachten Sie das subtile Branding, das hier durch die Einbindung des Vine-Logos in die untere rechte Ecke erfolgt. Beachten Sie das relativ schlichte und künstlerisch wirkende Foto.

Bonobos hat auf alle Details geachtet und damit nicht nur einen erfolgreichen rechten Haken gelandet, sondern auch sein Image als hippes, kreatives und innovatives Unternehmen gefestigt.

SEAWORLD: Einfach nur schlampig

Wenn Sie eigentlich gut sind, fällt es manchmal besonders auf, wenn Sie ein wenig aus der Reihe tanzen. SeaWorld bietet normalerweise einen starken, interessanten Content auf Instagram, aber nicht hier. Gewöhnlich sollte ein Themenpark dafür sorgen, dass sein Event den Eindruck erweckt, man dürfe es auf keinen Fall versäumen. Dieses Posting erweckt hingegen den Eindruck, als könnten die Besucher einen Abend mit ebenso viel Unterhaltung und Spannung erwarten wie beim Reunion-Konzert einer College-Band. Das Bild ist unscharf, die Termine auf dem Poster sind abgeschnitten – was hat SeaWorld sich bloß dabei gedacht? Es ist schon schlimm genug, eine schlampige Führhand zu landen, aber noch schlimmer ist ein dilettantischer rechter Haken, und genau darum handelt es sich hier. Wirklich eines der übelsten Beispiele, die ich gesehen habe.

GUTHRIE GREEN PARK: Sich menschlich geben

Denken Sie an den Park in der Nähe Ihrer Wohnung. Hätten Sie sich jemals vorstellen können, dass er auf einer Social-Media-Plattform einen herausragenden Internetauftritt haben könnte? Unwahrscheinlich, oder? Und doch gibt es einen Park, der Markenwert aufbaut, indem er auf seinem Instagram-Account wendig agiert. Der Guthrie Green Park verhält sich wie eine Person, indem er Bilder, die von Einwohnern der Stadt Tulsa, Oklahoma, und von Parkbesuchern aufgenommen wurden, regrammt. So wird der Park zum Teil der Community und kann sich erfolgreich als Marke positionieren. Die Marke hat ihren Ursprung in den sozialen Medien und aufgrund dieser Herkunft kann sie sozial agieren. Ich präsentiere gern eine Organisation, die wirklich verstanden hat, was zu tun ist, aber darüber hinaus richte ich auch gern den Blick auf die Zukunft. Dieser Park wird bald nichts Außergewöhnliches mehr sein. Jedes Start-up-Unternehmen, jede neue Firma und jeder neue Prominente wird in Zukunft ein natürliches Geschöpf der sozialen Medien sein.

COMEDY CENTRAL: Die Community zusammenbringen

Da hockt ein Shelfie im Regal.* Haben Sie es verstanden? Das ist unheimlich lustig.

Ich habe schon andere wegen Fotos mit niedriger Qualität heruntergeputzt, und auch dieses hier ist nicht spektakulär, aber der Content insgesamt ist so gut, dass ich hier nachsichtig bin. Auch wenn die Qualität des Fotos bescheiden ist, wirkt es äußerst authentisch – nichts daran erweckt den Eindruck, als würde es sich um eine geplante Aktion handeln. Der Betrachter fühlt sich in einen zufälligen, spontanen Moment kosmischer Komik hineingenommen. Was das Bild positiv abhebt, ist jedoch der einzelne Hashtag „#shelfie", ein Hashtag, der sich auf einen der populärsten Hashtags auf Instagram bezieht: „#selfie".** Das Wortspiel ist lustig, klug, passend im Ton und stärkt die Marke. Es ist die Art von Content, die geteilt wird, und zwar oft. Der Fernsehsender Comedy Central versteht wirklich die Macht von Instagram. Egal, was sonst auf der Welt vor sich geht, Comedy Central verwendet erfolgreich die

Plattform, um einen Moment zu schaffen und seine Community zu einem gemeinsamen Lachen zusammenzubringen. Das ist unbezahlbar. Das ist die Magie, die möglich wird, wenn eine Marke eine Social-Media-Plattform wirklich versteht.

---

*) „shelf" = Regal (Anm. d. Übers.).
**) „selfie" = Schnappschuss von sich selbst (Anm. d. Übers.).

FRAGEN, DIE SIE SICH IN BEZUG AUF IHREN INSTAGRAM-CONTENT STELLEN SOLLTEN

Ist mein Bild künstlerisch und ausgefallen genug für die Instagram-Nutzergruppe?

Habe ich genug beschreibende Hashtags eingefügt?

Sprechen meine Storys die junge Generation an?

RUNDE 7:

LASSEN SIE SICH AUF TUMBLR ANIMIEREN

- Start: Februar 2007
- 132 Millionen einzelne Nutzer pro Monat mit Stand Juni 2013.
- 60 Millionen neue Postings pro Tag.
- Der Tumblr-Blog war ursprünglich auf WordPress; er zog erst im Mai 2008 zu Tumblr um.
- Für jede neue Funktion, die Tumblr einführt, wird eine alte entfernt.
- Steht an erster Stelle bei der durchschnittlichen Anzahl an Minuten pro Besuch (Facebook steht an dritter Stelle).
- Für 1,1 Milliarden US-Dollar am 19. Mai 2013 von Yahoo übernommen.

DER KAMPF UM KUNDEN

Tumblr eignet sich nicht für jeden. Es handelt sich um eine vorwiegend junge Nutzergruppe. Die Plattform wird größtenteils von 18- bis 34-Jährigen frequentiert, wobei die Frauen leicht in der Überzahl sind. Zudem kommen die Nutzer vor allem aus dem künstlerischen Bereich, da Tumblr eine Ausstellungsmöglichkeit für Fotografen, Musiker und Grafikdesigner bietet. Wenn Twitter mit Hip-Hop vergleichbar ist, dann ist Tumblr Indie Rock. Auch wenn Tumblr sich größenmäßig noch nicht mit Pinterest oder Instagram messen kann, sollten Sie dort sein.

Ich habe für diese Plattform eine Schwäche, und 2009 habe ich sogar in sie investiert. In der Anfangszeit meiner Karriere wurde ich ein Riesenfan, weil Tumblr einerseits so leicht zu nutzen war und andererseits sein minimalistisches Format weniger textlastige und mehr visuell ausgerichtete Postings begünstigte. Tatsächlich hat der junge Gründer von Tumblr, der 26-jährige David Karp, die Plattform ins Leben gerufen, weil er bloggen wollte und das „große, leere Textfeld" der traditionellen Blogging-Plattformen zu abschreckend fand. Er hatte dasselbe Problem wie ich: Er hatte massenweise Ideen, die er teilen wollte, aber er schrieb nicht gern. Das „Kraut-und-Rüben-Format" von Tumblr wurde eine perfekte Plattform für die zufälligen Content-Fragmente, die den Nutzern beim Scrollen durch die Seite zunehmend angezeigt wurden.

Die meisten Leute betrachten Tumblr immer noch als eine reine Blogging-Plattform, aber in den wenigen kurzen Jahren seit ihrem Start im Jahr 2007 ist Tumblr viel mehr geworden. Im Januar 2012 führte Tumblr ein modernisiertes Dashboard ein, was wohl als Versuch zu verstehen war, sich an Twitter anzupassen und sich als voll ausgereifte Social-Media-Seite zu präsentieren. In einem *Forbes*-Interview im selben Monat bezeichnete Karp die Plattform als „Mediennetzwerk". Was also ist Tumblr? Tumblr ist von allem etwas, aber Marken profitieren am meisten davon, wenn sie die Plattform als markentauglichen, einzigartigen Micro-Content-Ausstellungsraum und Sparring-Ring betrachten.

WARUM TUMBLR MARKENTAUGLICH IST

Tumblr ist als Branding-Plattform nicht zu übertreffen. Wenn Sie einen Hintergrund für Ihre Homepage auswählen, können Sie aus einer Reihe von „Themen" wählen, die von Tumblr designt wurden. Auf Wunsch können Sie diese an Ihren persönlichen Geschmack anpassen. Sie können aber auch einen völlig individuellen Look kreieren, der perfekt Ihre Marke widerspiegelt und die Story fortsetzt, die Sie mit Ihrem Content erzählen. Farbe, Format, Schriftart, Logo-Platzierung, grafische Gestaltung – Sie können so kreativ sein, wie Sie wollen. Anders als auf Facebook, wo Sie an einen bestimmten Facebook-„Look" gebunden sind, oder sogar auf Twitter, wo die Nutzer trotz ein paar Anpassungsoptionen für die Profilseite beim Scrollen nur einen endlosen verschwommenen Text sehen, haben Sie bei Tumblr die volle künstlerische Kontrolle. Die Plattform bietet Marken die perfekte Gelegenheit, mit neuen, kreativen Storytelling-Formen zu experimentieren.

WARUM TUMBLR EINZIG-ARTIG IST

Anders als Facebook und Twitter, die soziale Verbindungen darüber etablieren, wen Sie kennen – über den „sozialen Graphen" –, war Tumblr die ursprüngliche Interessen-Graph-Plattform. Das heißt, die Verbindungen basieren darauf, wofür die Leute sich interessieren. Produzieren Sie den richtigen Augenschmaus für Ihr Publikum und es wird Sie finden. Und auf Tumblr haben Sie einen besonders leckeren Augenschmaus zur Verfügung, den Sie auf keinem anderen sozialen Netzwerk posten können: das animierte GIF.

Das Akronym steht für Graphics Interchange Format. Das sagt natürlich wenig darüber aus, worum es geht. Aber Sie haben GIFs garantiert schon gesehen. Sie sind so populär, dass das *Oxford English Dictionary* das Wort „GIF" zum US-amerikanischen Wort des Jahres 2012 gewählt hat. Wenn Sie alt genug sind, um sich an *Ally McBeal* zu erinnern, dann werden Sie sich auch an dieses tanzende Baby erinnern, das eine Zeit lang überall auftauchte. Das war eines der frühen animierten GIF-Meme. Heute werden Sie vielleicht erleben, dass jemand eine drei Sekunden dauernde Animation der Talkshow-Moderatorin Oprah Winfrey postet, wie sie durch ihr Publikum stolziert, oder ein Standfoto einer Landschaft mit Bäumen, die sich im Wind bewegen. Das ist ein animiertes GIF. Es gibt sie auch als Live-Action-Emoticons, indem man animierte GIFs von Prominenten verwendet, denen zum Beispiel die Kinnlade runterklappt. Damit lässt sich Überraschung oder Schock ausdrücken.

Animierte GIFs werden zu einer ganz neuen kulturellen Bewegung und zu einem neuen Instrument der Selbstdarstellung, und der beste Platz, um sie zu finden, ist Tumblr. Die Leute schaffen mit diesem Format unglaubliche Kunstwerke, indem sie gewöhnliche Bilder in zauberhafte Miniwelten verwandeln. Das Bild eines Fisches ist schön; das Bild eines Fisches, dessen Mund sich öffnet und schließt, ist überraschend, lustig, dramatisch und kinetisch. Sie können ein animiertes GIF für Ihr Twitter-Profilbild verwenden, aber im Allgemeinen gibt es abgesehen von Google+ keine Social-Media-Seite, die es Ihnen in ähnlicher Weise wie Tumblr ermöglicht, von diesem großartigen, starken Storytelling-Format zu profitieren.

Spielt das eine so große Rolle, insbesondere wenn der Großteil der Leute viel weniger auf Tumblr unterwegs ist als auf anderen bildlastigen Plattformen wie Pinterest und Instagram? Ein unwissenschaftlicher Vergleich zwischen unbewegten Bildern und animierten GIFs auf Tumblr zeigt oft, dass die Leute viel mehr mit bewegten Bildern interagieren als mit statischen. Oft erhält ein großartiges Foto drei Mal weniger Herzen oder „Gefällt mir"-Angaben als das relativ fade Bild daneben, einfach nur deshalb, weil Letzteres ein animiertes GIF ist. Animierte GIFs sind immer noch so neu, dass sie ein Element der Überraschung und des Staunens bieten. Was sonst ist die Aufgabe eines Marketingexperten, als die Kunden zu überraschen und zum Staunen zu bringen?

WARUM TUMBLR EIN FANTASTISCHER SPARRING-RING IST

Tumblr ist immer schon mehr eine Publikationsplattform als eine Konsumplattform gewesen, aber die Leute konsumieren hier auch, und zwar in einer unglaublichen Geschwindigkeit. Deshalb ist Tumblr perfekt für die mobile Nutzung: Man kann hier einfach scrollen und scrollen und scrollen … und sich mit einer endlosen Abfolge schöner, ja sogar unvergesslicher Bilder versorgen.

Die Aktionsmöglichkeiten sind im Grunde offensichtlich. Erzählen Sie Ihre Story und schaffen Sie Markeneinblendungen durch eine faszinierende künstlerische Gestaltung, welche die Besonderheiten Ihrer Marke hervorhebt. Tumblr ist kunstaffin, und das gilt auch für sein Publikum. Das ist nicht die amerikanische Mittelschicht, die gerne handwerklich tätig ist und bastelt. Es sind vielmehr Leute, die in schicken Stadtwohnungen leben, Fahrrad fahren und ausgefallene Brillen tragen. Studieren Sie die Plattform, finden Sie heraus, was die Leute suchen, und geben Sie es ihnen in der plattformspezifischen Sprache, vorzugsweise in Form von GIFs. Das ist die sicherste Methode, die Leute dazu zu bringen, dass sie weniger schnell scrollen und vielleicht sogar innehalten, um ihre Zustimmung zu bekunden, indem Sie Ihr Posting mit einem kleinen Herz-Button liken oder kommentieren. Haben Sie auch keine Bedenken, den Content anderer Leute in DJ-Manier zu präsentieren, indem Sie Ihren eigenen Text hinzufügen und ihn in Ihrem Blog posten. Die leichte Teilbarkeit von Content macht den Aufbau der Community hier zum Kinderspiel. Fügen Sie viele detaillierte Tags hinzu, damit die Leute, die Content wie Ihren suchen, ihn leicht finden können.

Auch wenn Tumblr überwiegend eine Plattform für Führhände ist, sind auch rechte Haken möglich. Setzen Sie diese einfach sehr, sehr leise ein. Hängen Sie hin und wieder einen Link an Ihren Content an, der die Nutzer auf Ihre Website oder Einzelhändler-Seite führt. Wenn Ihr Content so gut ist, wie er sein sollte, werden die Leute gern erfahren, wo es Ihr cooles Produkt oder Ihre Dienstleistung zu kaufen gibt. Zudem sollten Sie wie bei allen Plattformen auf künftige Gelegenheiten für einen Verkaufsabschluss achten. Selbst wenn Sie Tumblr nicht als optimale Plattform für Ihre Zwecke betrachten, ist es besser, sich früh dort einzustellen und sich mit dem Umfeld vertraut zu machen. Wenn Ihre Konkurrenten dann irgendwann feststellen, dass sie eine Gelegenheit versäumt haben, beherrschen Sie bereits den Markt.

Ich glaube, dass all diese Tipps relevant bleiben, auch wenn Yahoo in dem Moment, als ich dieses Kapitel zu Ende schrieb, das Unternehmen für 1,1 Milliarden US-Dollar gekauft hat. Meine Meinung ist vielleicht etwas verzerrt, da ich glücklicherweise in Tumblr investiert habe, aber ich denke nicht, dass dieser Kauf viele Veränderungen für die Plattform zur Folge haben wird. Yahoo wird wahrscheinlich eine Nichteinmischungspolitik verfolgen und David Karps Genius einfach freie Hand lassen. Wahrscheinlich wird die Werbung auf der Plattform etwas aggressiver werden, aber wenn Yahoo vernünftig ist, wird es mit Tumblr so umgehen wie Facebook mit Instagram, nachdem es das Unternehmen gekauft hatte – Yahoo wird Tumblr in Ruhe lassen.

BEBILDERTE KOMMENTARE

LIFE: Wie man erfolgreich die Generationen überbrückt

Wie bereits erwähnt, besteht der große Vorteil von Tumblr darin, dass es eine Plattform bietet, die speziell auf animierte GIFs ausgerichtet ist. Zudem ist es ein Tummelplatz für junge, hippe Künstler und fortschrittliche Unternehmen. Doch eines der besten Beispiele für guten Tumblr-Content, die in diesem Buch präsentiert werden, ist weder ein animiertes GIF noch die Idee einer besonders fortschrittlichen Marke. Es ist ein 60 Jahre altes Schwarz-Weiß-Foto, aus dem Archiv eines Magazins, dessen Name nur noch im Internet weiterlebt (abgesehen von den gelegentlich erscheinenden Sonderausgaben, die Sie an der Kasse im Lebensmittelmarkt finden).

Und es ist absolut fantastisch. Aus folgenden Gründen:

- **Es bringt eine hohe Punktzahl im Coolness-Spektrum.** Tumblr erfordert Coolness. Gibt es jemanden, der cooler ist als Marlon Brando? Selbst Leute, die sich nicht für die historische Rolle der Marke als Pionier im Fotojournalismus interessieren, werden von diesem Bild fasziniert sein – und gerne mehr über das Unternehmen wissen wollen, das es gepostet hat.
- **Es reitet auf der Welle des Popkultur-Zeitgeists.** Da *Life* das Foto an Brandos Geburtstag postete, als der Schauspieler zwangsläufig weltweit im Gespräch war, war die Chance viel größer, dass es von den Verbrauchern und von anderen Medien wahrgenommen wurde, als wenn es an irgendeinem anderen beliebigen Tag gepostet worden wäre.
- **Der Content ist eine Rarität.** Durch die Veröffentlichung dieses bisher unveröffentlichten Fotos aus seinem Archiv hat *Life* seine Glaubwürdigkeit als Lieferant von exklusivem und schwer erreichbarem Content gestärkt. Und genau das ist es, was das Tumblr-Publikum sucht. Das Mundpropaganda-Potenzial ist riesig, weil die Nutzer den Content teilen werden, damit sie unter ihren Freunden als Entdecker glänzen können.

Life hat diesen Content goldrichtig umgesetzt. Wenn diese traditionelle Marke so weitermacht, wird ihr dies sicher dabei helfen, Anerkennung zu gewinnen und Zugang zur jüngeren Generation zu finden.

PAUL SCHEER: Storytelling anstatt Eigenwerbung

Sicher haben Sie Paul Scheer schon einmal gesehen, ohne es zu wissen. Er ist der zweitklassige oder vielleicht sollte man besser sagen der drittklassige Comedian mit der riesengroßen Zahnlücke, der in sämtlichen Comedy-Sendungen mitgespielt hat: angefangen bei der Polizeiparodie *NTSF:SD.SUV* auf dem Fernsehsender *Adult Swim* über *30 Rock* bis hin zu *Yo Gabba Gabba*. Neuerdings spielt er auch in der Fantasy-Football-Comedy *The League* auf dem Sender *FX* mit. Da Sheer von der auf dem Fernsehsender *AMC* laufenden Serie *Breaking Bad* fasziniert war, kreierte er einen Tumblr-Blog, um bei seinen Fans Werbung für die Serie zu machen und sie als Zuschauer zu gewinnen. Damit gab er natürlich den Leuten auch einen Grund, ihn anzuschauen. Und das sollten sie tatsächlich tun, denn er ist brillant.

- **Kluge Verwendung von eigens erstelltem Content:** Scheer profitiert von der einzigen Plattform, die ihm Zugang zu dem Medium ermöglicht, das bei Social-Media-Nutzern eine überdurchschnittliche Performance erzielt, nämlich dem animierten GIF. Er geht so weit, es als die nächste aufstrebende Kunstform zu bezeichnen: „Wenn Leonardo da Vinci heute die Sixtinische Kapelle ausmalen würde, würde er es mit GIFs tun."

(Ich weiß, dass Michelangelo die Deckengemälde der Sixtinischen Kapelle gemalt hat. Aber er würde auch GIFs verwenden.)

- **Das Posting macht sich die Popkultur zunutze.** *Breaking Bad* ist bei den Fans der Serie sehr beliebt. Anstatt um ihre Aufmerksamkeit zu konkurrieren, nutzte Scheer einfach die Tumblr-Plattform, um sich in ein Gespräch einzubringen, das bereits stattfand.
- **Das Posting macht eher Werbung für die Marke, als dass es die Marke verkauft.** Anstatt offensichtliche Selbstdarstellung zu betreiben, verwendet Scheer den Blog, um Storytelling über sich selbst zu machen und eine Community für andere Leute aufzubauen, die die allgemeine Verrücktheit schätzen, für die er steht. Abgesehen von *Breaking Bad*-Fans wird der Blog jeden mit Sinn für psychedelische Regenbogen und fliegende Pop Tarts dazu bringen, dass er sich an seine Freunde wendet und sie zum Anschauen auffordert. So wird das Interesse an Scheers Arbeit und seine Anziehungskraft als Persönlichkeit wahrscheinlich noch lange über die letzte Folge von *Breaking Bad* hinaus bestehen bleiben.

Mit seiner Tumblr-Kampagne ist Scheer auf dem Weg, sich in eine Kategorie von erstklassigen Künstlern wie Betty White und Louis C.K. einzureihen. Auch ihnen hat die kluge Verwendung der Popkultur und der Technologie dabei geholfen, ihren Star-Status aufzubauen und ihre Karriere zu neuen Höhen der Popularität zu treiben.

SMIRNOFF: Wie man alles falsch macht

Ach, du lieber Himmel, habt ihr euch bei Smirnoff überhaupt ein bisschen Mühe gegeben? Dieses Posting zeigt, dass die Marke nicht die geringste Ahnung hat, wie die Tumblr-Plattform funktioniert.

- **Dämlicher Text:** Ihr sagt zu euren Fans: „Need drink ideas? Check out @SmirnoffUS on Twitter." Warum sollten sie das tun? Was an diesem Posting könnte einen Spirituosenkenner davon überzeugen, dass Smirnoff etwas Interessantes zu sagen hat?
- **Kein Link:** Wenn man Tumblr-Fans dazu bringen wollte, Smirnoff auf Twitter zu folgen, hätte man dann nicht besser einen Link auf die Twitter-Seite einfügen sollen? Verbraucher haben die Aufmerksamkeitsspanne von Stechmücken – Sie müssen ihnen möglichst viel Arbeit abnehmen.
- **Langweiliges Foto:** Man sollte auf keinen Fall ein Standfoto auf einer Plattform verwenden, auf der man die Option hat, aufregende, die Aufmerksamkeit auf sich ziehende animierte GIFs zu posten. Smirnoff hätte die Sache noch retten können, wenn sein Kreativteam mit dem Foto wenigstens etwas Künstlerisches angestellt hätte, wie Absolut Vodka das in den 1990er-Jahren gemacht hat. Welchen Mehrwert konnten sie ihren Kunden wohl mit einem Bilddatenbank-Foto einer Smirnoff-Flasche bieten? Selbst wenn die Flasche sich einfach bloß von rechts nach links bewegen würde, wäre es interessanter als das hier gewesen.

FRESH AIR: Hier kennt man sein Publikum

Für ein seriöses Medienunternehmen hat *NPR* ein überraschendes und bewundernswertes Know-how gezeigt, als es sich erfolgreich neu positioniert hat, indem es vom Radiosender zum Anbieter von Informationen und Unterhaltung auf allen digitalen Plattformen wurde. Seine Kunst-und-Kultur-Talkshow *Fresh Air* zeigt eine ähnlich kluge Sensibilität mit diesem Beispiel eines perfekten Tumblr-Micro-Contents:

- **Plattformspezifische Gestaltung:** Der einzige Nachteil animierter GIFs ist, dass sie sich nicht gut auf einer Buchseite darstellen lassen. Nur wenn Sie direkt auf den Tumblr-Blog von *Fresh Air* gehen, werden Sie also die volle Wirkung der Videoschleife dieser Szene aus dem Merchant-Ivory-Film *Zimmer mit Aussicht* erleben. George, gespielt von Julian Sands, küsst darin leidenschaftlich Lucy, gespielt von Helena Bonham Carter, die damals – lange bevor sie die Hexe Bellatrix Lestrange in den Harry-Potter-Filmen spielte – noch süß und unschuldig aussah. Es lohnt sich wirklich, die Seite aufzurufen, um zu sehen, wie *Fresh Air* das Ganze in seinem Blog-Posting zum Gedenken an den Tod der Drehbuchautorin Ruth Prawer Jhabvala perfekt umgesetzt hat.

- **Markengerechter Text:** Normalerweise wirkt eine so große Textmenge auf Tumblr eher abschreckend, aber dieser Content wurde für das *NPR*-Publikum kreiert, und dieses besteht aus eifrigen Lesern. Es hätte nicht zu *NPR* gepasst, wenn auf eine Erklärung verzichtet worden wäre, warum der Blog vorher den Tod von Jhabvala ignoriert hatte. Zudem ist der Text so persönlich und so passend zum Image von *Fresh Air*, dass man wirklich ein Gefühl für die Menschen bekommt, die hinter dem Blog stehen.

ANGRY BIRDS: Das emotionale Engagement der Fans miteinbeziehen

Der Tumblr-Blog, in dem diese Grafik erschien, wurde für den Webby Award 2012 nominiert. Die Grafik wurde von der finnischen Computerspielefirma Rovio erstellt, die mit dem Videospiel Angry Birds einen kulturellen Meilenstein geschaffen hat. Angry Birds wurde dann mit einem anderen kulturellen Meilenstein, nämlich Star Wars, verbunden, woraus das äußerst erfolgreiche Angry Birds Star Wars entstand. Es gibt viele Gründe, warum die Website so populär ist, aber ein Detail verdient besondere Beachtung, zeigt es doch, dass das Unternehmen die Funktionsweise von Tumblr wirklich versteht.

- **Die Community wurde zur Teilnahme eingeladen.** Von Rovio erwartet man sicher Game Design der höchsten Qualität. Wenn Sie jedoch das Banner auf der linken Seite des Bildes betrachten, sehen Sie, dass Rovio diese Grafik überhaupt nicht gemacht hat. Sie wurde von einem Fan erstellt. Und Rovio hat sich bemüht, dies jeden wissen zu lassen. Das ist ein unglaublich kluger Schachzug vonseiten des Unternehmens. Die Tumblr-Familie ist eine sehr engagierte Community. Rovio hat klugerweise erkannt, dass man mit der Einladung an die Follower, an dem Blog teilzunehmen und ihm nicht nur zu folgen, viel von dem emotionalen Engagement der Nutzergruppe in den Blog überführen kann. Es ist eine ausgezeichnete Methode, die Community aufzubauen und die Markenwahrnehmung zu fördern.

LATE NIGHT WITH JIMMY FALLON:
Wie man etwas Großartiges auf die Beine stellt

Jimmy Fallons Tumblelog ist vollgepackt mit rebloggtem Material von Fans, die aus den Clips seiner Show GIFs kreiert haben. Es ist ein ausgezeichnetes Beispiel dafür, wie man auf Tumblr Storytelling macht. Ein Posting nach dem anderen unterhält uns mit den verrückten Grimassen und lustigen Sätzen seiner Gäste und Comedian-Kollegen wie Amy Poehler und Retta Sirleaf. Bei diesem besonderen Micro-Content verwendet Fallon zwei animierte GIFs als Einstiegsdroge für härteren Stoff und weckt unsere Aufmerksamkeit, sodass wir zwangsläufig auf den Link klicken.

Dieser führt uns zu YouTube, wo wir das ganze Interview mit Adam Scott sehen können. Dieser Content ist auf jeder Ebene erfolgreich:

- **Verwendet Fallon Content, der ursprünglich von einem Fan gepostet wurde?** Ja, stimmt.
- **Präsentiert er besagten Fan so, dass andere Tumblr-Nutzer die Frau finden können?** Ja, stimmt.
- **Animiertes GIF?** Ja, stimmt.
- **Mundpropaganda?** Jeder Tumblr-Follower, der gerade 40 wurde oder jemanden kennt, der es bald wird, könnte diesen Content teilen. Und angesichts der über 2.000 Notes, die er bekommen hat – sie besagen, wie oft dieses GIF mit einer „Gefällt mir"-Angabe versehen oder rebloggt wurde –, sieht es so aus, als hätten die Leute dies auch getan.

AMAZON MP3: **Eine direkte Aufforderung zum Kauf**

Ich mag diesen rechten Haken vor allem aufgrund der bloßen Tatsache, dass es ihn gibt. Er trägt zwar den Amazon-Namen aber der Amazon-MP3-Store hat in der Öffentlichkeit nicht dieselbe Markenwahrnehmung wie sein riesiger Mutterkonzern, sodass er eher den Stellenwert eines normalen Einzelhandels hat. Ich werde oft gefragt, wie Einzelhändler sich in den sozialen Medien präsentieren sollten, und dies ist ein großartiges Beispiel.

Es ist interessant, wie viele Schwarz-Weiß-Bilder auf Tumblr eine besonders hohe Performance erzielen. Offensichtlich arbeitet der MP3-Store mit Werbematerialien für Justin Timberlakes Album. Also wurde diese glückliche Wahl vielleicht nur zufällig getroffen. Wie auch immer, das Team kannte sich gut genug aus, um von einem beeindruckenden, dramatischen Bild zu profitieren.

Affordable luxury: Justin Timberlake's *The 20/20 Experience* is only $7.99 through Monday.

- **Der Text ist frisch und hat den richtigen Ton für das Publikum und für das Album:** Nur zwei Wörter – „erschwinglicher Luxus" – geben uns das Gefühl, dass wir ein Premiumprodukt zum Schnäppchenpreis bekommen. Der Link führt uns direkt zu dem Produkt und dem Store – man muss nicht erst herumsuchen. Und schließlich steht direkt in dem Text der Preis: 7,99 US-Dollar bis Montag. Da ist nichts Schüchternes oder Verschämtes. Dies ist keine halbherzige Handlungsaufforderung.

- **Dieser Micro-Content verkörpert die Botschaft dieses ganzen Buches:** Wenn Sie im Voraus die Leute richtig bearbeiten – indem Sie Ihren Kunden einen Mehrwert in Form eines Kicherns oder in Form von Infotainment oder von Eilmeldungen bieten –, dann können Sie auch sagen „Kaufen Sie jetzt!" und „Kaufen Sie das!", ohne dass Sie wie ein Kirmes-Ausschreier wirken. Mit starken Führhänden erkaufen Sie sich die Berechtigung, unerschrockene rechte Haken zu landen.

WWF: Wie man die eigenen großartigen Ressourcen ungenutzt lässt

Ich gebe zu, dass ich auch ein bisschen schadenfroh bin, wenn ich dieses Posting des World Wildlife Fund kritisiere. Es ist eine kleine Rache für alles, was ich durchgemacht habe, nachdem der WWF die World Wrestling Foundation, die ebenso das Akronym WWF führte, gezwungen hatte, ihren Namen in World Wrestling Entertainment zu ändern.

Der World Wildlife Fund hat ein paar großartige Fotos in seinem Blog. Dieses Bild eines Mannes mit einem kleinen Kind auf seinem Schoß ist eines davon. Leider hat der WWF nichts getan, um es einprägsam zu machen. Die Themen, für die der WWF sich einsetzt, sind keineswegs langweilig oder trocken, und dennoch ist sein Tumblr-Blog etwa so inspirierend wie ein leerer Sandkasten. Es gibt keine Story, die unsere Aufmerksamkeit wecken würde, keinen Grund, warum wir innehalten sollten, um herauszufinden, wer in dem Foto gezeigt wird. Und es gibt keine klare Handlungsaufforderung.

- **Trockener, langweiliger Text:** „Gerade haben wir ein neues Foto auf Flickr hochgeladen." Na und?? Wenn wir dann zu Flickr weiterklicken, um das Foto zu sehen, stoßen wir auf einen stinklangweiligen Text, bei dem man das Gefühl hat, als wäre er einfach aus einer Datenbank kopiert und eingefügt worden. Es gibt hier kein Storytelling.
- **Schwache Handlungsaufforderung:** Erst beim Klicken auf den Link zum Flickr-Account des WWF erfahren wir, dass dies das Bild eines Gemeindevorstehers in Borneo und seines fünfjährigen Sohnes ist. Wir werden darüber informiert, dass diese Gemeinde an dem sogenannten Kutai-Barat-Projekt teilnimmt, das „Gemeinden am Fluss Mahakam hilft, Grundbesitzrechte und Erwerbsquellen zu sichern". Der einzige weitere Link führt zurück auf die WWF-Website, nicht auf eine Seite, die sich dem Kutai-Barat-Projekt widmet.

Der WWF hat Zugang zu allen Ressourcen, die er braucht, um wirklich überzeugende Storys auf Tumblr zu erzählen, aber hier hat er das Ziel verfehlt, und zwar ordentlich.

Just uploaded 1 new photo(s) on Flickr. http://bit.ly/PEoiEU

DENNY'S: Die Köstlichkeiten ins richtige Licht setzen

Dies ist nur ein Beispiel für die fantastische Arbeit, die Denny's auf Tumblr leistet.

- **Großartiges GIF:** Animierte GIFs haben ihre Vorteile. In diesem Posting nimmt eine Gabel immer wieder Stücke eines dampfend heißen, in Sirup getränkten Pfannkuchens auf.
- **Ausgezeichnete Verlinkung:** Oben in dem Bild sehen Sie – wenn es Ihnen gelingt, Ihren Blick von dem GIF abzuwenden – vier riesige Links zu dem Twitter-Feed des Unternehmens, zu seiner Facebook-Seite, seinem Tumblr-Archiv und seiner Firmenwebsite. Sie können die Links nicht übersehen.
- **Hervorragender Text:** Der Text bezieht sich auf den populären YC-Song „Racks". Damit zeigt diese Marke, die traditionell bei Familien und Rentnern beliebt ist, dass sie es versteht, auch Teenager anzusprechen. Tatsächlich so gut, dass eine Bloggerin, die sich Synecdoche nennt, eine in New York wohnende Autorin mit einer großen Anzahl an Tumblr-Followern, das Bedürfnis hatte, dieses Posting an alle ihre Follower zu rebloggen. Wenn eine Unternehmensmarke von einer antikapitalistisch eingestellten Person wie ihr gelobt wird, dann ist das, als würde sie in die Schickimicki-Szene aufgenommen. Es ist die Art von Mundpropaganda, die einen großen Einfluss auf Ihr Geschäft hat. Sie kann bewirken, dass ein Auto voller hungriger, Rap-begeisterter Tumblr-Nutzer auf einen Denny's-Parkplatz fährt.

TARGET: Ins Schwarze getroffen

Wenn Sie ein perfektes Beispiel für plattformspezifisches Storytelling und einen starken rechten Haken sehen wollen, dann schauen Sie sich diese Seite auf dem Tumblr-Blog von Target an, der den passenden Titel „On the Dot" („Auf den Punkt") trägt. Dort sieht man ein Kleid. Genauer gesagt ein rückenfreies Bandeaukleid. Und in 3,7 Sekunden können wir mithilfe eines blinkenden, animierten GIFs jede Version davon sehen – schwarz mit nietenbesetztem Kragen, schwarz-weiß-gestreift, mit bunten floralen Mustern, türkis mit weißen Tupfen –, während uns gleichzeitig demonstriert wird, wie schick das Kleid ist.

- **Saubere grafische Gestaltung:** Das animierte GIF des Kleides hebt sich von viel weißem Hintergrund und sehr wenig eleganter schwarzer Schrift ab.
- **Direkte Handlungsaufforderung:** Direkt unter dem GIF können Sie über drei Links (nur das Tupfenkleid ist gerade vorrätig) das Kleid aussuchen, das Sie wollen, und werden direkt zur Target-Website geführt, wo Sie es kaufen können. Auch die Tags sind perfekt.

Jemand bei Target weiß ganz genau, was er tut.

GQ: Zeigt extremes Geschick auf Tumblr

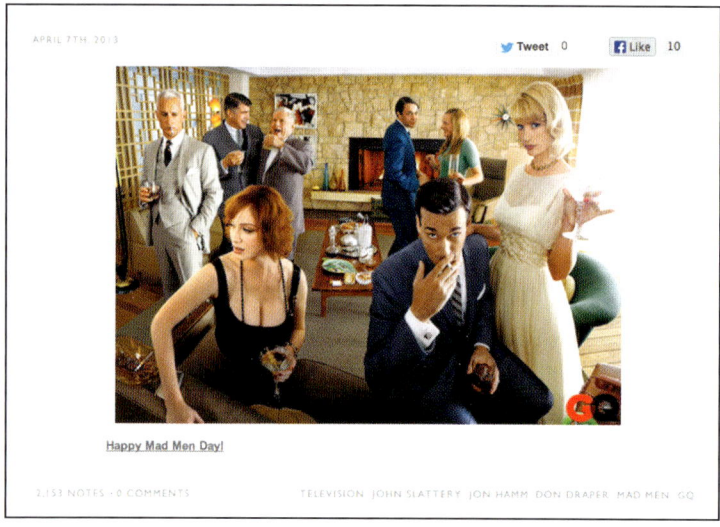

Um die Premiere der sechsten Staffel von *Mad Men* zu feiern, verkündete das *GQ*-Magazin auf Tumblr einen „Happy Mad Men Day!". Dem Posting war ein Foto angefügt, das viele der Figuren der Fernsehserie zeigte, die sich wieder mal bei einer Cocktailparty vergnügten. Hier sind die Gründe, warum das Posting über 2.000 Notes bekam:

- **Die Popkultur wurde beachtet:** Millionen von Fans warteten gespannt auf die Rückkehr ihrer heiß geliebten Werbeagenturführungskräfte aus den 1960er-Jahren. *GQ* war so klug, sich ihre Begeisterung für die Serie zunutze zu machen.
- **Klug gesetzte Links:** Es gibt nicht nur einen Link unter dem Foto, sondern das Foto selbst ist mit dem informativen Artikel „The GQ Guide to Mad Men" verlinkt, den *GQ* ein Jahr zuvor am Vorabend des Beginns der fünften Staffel der Serie veröffentlicht hatte. So sollen die Follower daran erinnert werden, wo sie weitere ausführliche Informationen zu *Mad Men* finden.
- **Richtiges Tagging:** Tagging ist ein extrem wichtiger Bestandteil der Tumblr-Kultur, und hier wurde es von *GQ* klug verwendet, darunter Keywords wie „Television", „John Slattery", „Jon Hamm", „Don Draper" und „Mad Men".

FRAGEN, DIE SIE SICH IN BEZUG AUF IHREN TUMBLR-CONTENT STELLEN SOLLTEN

Habe ich mein Thema so auf die Plattform zugeschnitten, dass meine Marke dort richtig präsentiert wird?

Habe ich ein cooles animiertes GIF kreiert?

Habe ich ein cooles animiertes GIF kreiert?

Habe ich ein cooles animiertes GIF kreiert?

RUNDE 8:
GELEGENHEITEN IN NEUEN NETZWERKEN

Jedes Jahr wird die Welt etwas kleiner, etwas stärker von den sozialen Medien geprägt, etwas vernetzter. Content zu erstellen, mit dem wir unsere Erfahrungen, Gedanken und Ideen in Echtzeit teilen können, wird zu einem wesentlichen Bestandteil unseres Lebens im 21. Jahrhundert (tatsächlich ist es heute schon so weit, dass wir ein Statement machen, wenn wir uns dazu entschließen, keine Inhalte in sozialen Medien zu teilen und uns nicht zu vernetzen). Daher sollten wir durchaus auch das Potenzial für Führhände und rechte Haken auf Plattformen beachten, die keinen spezifisch sozialen Aspekt haben. Es ist nur eine Frage der Zeit, bis die Nutzer sie anpassen oder verlangen, dass die Entwickler sie anpassen, damit sie den sozialen Aspekt haben, den die Leute zunehmend erwarten und herbeisehnen. Wo jetzt noch keine soziale Erfahrung vorherrscht, wird es diese bald schon geben.

LINKEDIN

- Start: Mai 2003
- 200 Millionen Mitglieder
- Jede Sekunde melden sich zwei neue Mitglieder an.
- Über 2,8 Millionen Unternehmen haben bei LinkedIn eine Company Page.
- Führungskräfte aller Fortune-500-Unternehmen 2012 sind Mitglieder.
- Studenten und College-Absolventen, die vor Kurzem ihren Abschluss gemacht haben, sind die am schnellsten wachsende Nutzergruppe.

Ich sage voraus, dass das Einloggen bei LinkedIn in zwei Jahren ebenso selbstverständlich sein wird wie das Einloggen bei Facebook – ein regelmäßiger Bestandteil unseres Alltags. Jedes soziale Netzwerk wird einem bestimmten und wesentlichen Zweck in unserem Leben dienen – wie die Zimmer in einem virtuellen *Downton Abbey*. Facebook wird unser Esszimmer sein, wo wir uns unterhalten und einander kennenlernen; LinkedIn wird unsere Bibliothek sein, wo wir Geschäfte machen.

LinkedIn arbeitet bereits fieberhaft daran, die Schaffung von mehr Content zu fördern und sich von einem bloßen Networking-Instrument zu einem professionellen Knotenpunkt zu entwickeln. Die Nutzer können nun mit ihren Kontakten Artikel, Rezensionen und Arbeitsproben teilen. LinkedIn hat auch die LinkedIn Influencers gestartet, wo Führungskräfte Artikel über ihre Fachgebiete beitragen. Vieles davon ist auf Facebook bereits Realität, und LinkedIn muss sich noch weiterentwickeln, um mit dem Branchenriesen Schritt zu halten. In einer Hinsicht hat LinkedIn jedoch einen Vorteil: Als ausschließlich unternehmensorientierte Website bietet es eine natürliche Plattform für B2B-Marketing-Experten, die bisher wenig Grund sahen, sich mit Facebook abzugeben. Wenn Sie ein Büromateriallieferant oder ein Anwalt sind, kann LinkedIn ein interessanter Ort für Sie sein, um Ihre Story zu erzählen, insbesondere jetzt, da es wenig gibt, was Ihre Fans ablenken könnte. Es ist ein fruchtbares Betätigungsfeld für alle Unternehmen und Marken, egal ob aus dem B2B-Bereich oder nicht. Wenn Sie noch mehr Anreiz haben wollen, dann denken Sie nur an die Kaufkraft des LinkedIn-Publikums. Die Relevanz von LinkedIn hat noch kein Niveau erreicht, wo Sie Content mit derselben Geschwindigkeit wie in anderen sozialen Netzwerken posten müssen, aber es wäre klug, wenn Sie hier Präsenz zeigen würden.

Auf LinkedIn haben Sie die meiste Freiheit, um längere Texte zu posten. Denken Sie daran, was die Leute suchen, wenn sie die Seite aufrufen. Sie sind informationshungrig, sie sind auf Jobsuche, sie suchen einen Marktzugang oder eine Nische, sie wollen Gleichgesinnte im beruflichen Bereich treffen. Sie müssen kreative, kluge Methoden finden, um sich für jemanden mit dieser Denkweise unentbehrlich zu machen. Hier können Sie es sich leisten, weniger auffällig und vielleicht etwas seriöser und überlegter aufzutreten. Oder vielleicht auch nicht. Vielleicht lassen Sie Internetjargon im Stil von OMG und LOL besser beiseite, aber Sie sollten dennoch einen Hauch von Leichtigkeit in dieses seriöse Umfeld einbringen. Wenn Sie Ihrer Marke wirklich Auftrieb auf LinkedIn verschaffen wollen, müssen Sie eigens erstellten Content liefern, der sich komplett von dem unterscheidet, was Sie Ihren Fans in anderen sozialen Netzwerken bieten, und auch einen komplett anderen Mehrwert hat.

GOOGLE+

- Start: Juni 2011
- 500 Millionen Nutzer

Die Zukunft von Google+ als rentable Marketingplattform steht unter einem großen Fragezeichen. Zum jetzigen Zeitpunkt steht Google+ da, wo Twitter 2006 oder 2007 stand. Es hat ein großes Verkaufsargument: seine Bedeutung für die Suchmaschinenoptimierung einer Website. Google gibt seinen eigenen Produkten den Vorzug. Wenn Sie einen Google+-Account haben, beeinflusst das also Ihre Search Rankings. Bisher sind wirklich nur die richtigen Internetpioniere dabei, wie es auch in der Anfangszeit von Twitter der Fall war. Die Plattform hat jedoch nicht so schnell Anklang gefunden wie Twitter, weil es heute mehr Alternativen gibt als zu dem Zeitpunkt, als Twitter auf der Bildfläche erschien. Die meisten Leute sind einfach nicht so sehr an Google+ als eigenständigem Produkt interessiert, denn es bietet wenig, was die Leute nicht schon über Facebook bekommen können.

Die Zahlen sagen jedoch etwas anderes aus. Google+ verweist auf seine 500 Millionen Nutzer als Beweis dafür, dass es zunehmend eine Fanbasis gewinnt. Allerdings sind die Zahlen ebenso aufgeblasen wie die Lippen einer Hausfrau in Beverly Hills. Google+ verlangt nämlich von den Nutzern, einen Google+-Account anzulegen, wenn sie sich für irgendeinen anderen Produkt-Account, wie zum Beispiel YouTube, registrieren. Bei näherer Betrachtung werden Sie feststellen, dass ein großer Anteil all dieser Google+-Accounts nicht genutzt wird. Google+ ist total abhängig von dem Umfang und der Macht der anderen Google-Produkte.

Wenn Google Glass sich in den nächsten fünf Jahren so durchsetzt, wie ich denke, wird Google+ beim Wettbewerb um die Herzen der Verbraucher allerdings eine Chance haben. Warum? Facebook und all die anderen Social-Media-Plattformen bemühen sich um die Anpassung an die mobile Nutzung. Aber Google Glass könnte womöglich die Mobilgeräte ersetzen. Es wird Nutzern ermöglichen, alles festzuhalten, was sie sehen, und es in einen Livestream zu überführen. Es wird in der Lage sein, eine Landkarte direkt in Ihrer Blickrichtung zu platzieren, Ihnen auf Befehl Google-Ergebnisse anzuzeigen, und es wird völlig sprachgesteuert sein, sodass Sie die Hände frei haben. Wer braucht mit dieser Art von Technologie dann noch ein Smartphone?

Nun gibt es zwei Methoden, wie dies funktionieren könnte. Facebook könnte eine App entwickeln, um seinen Nutzern zu zeigen, was deren Freunde auf Google Glass streamen, und Google Glass würde verständlicherweise von Facebooks Reichweite profitieren wollen, um seine Nutzerbasis aufzubauen. Google könnte sich jedoch auch entschließen, das Produkt als geschlossenes Netzwerk zu betreiben, bei dem jeder, der Content auf den Brillen sehen will, sich in einen Google+-Account einloggen muss. Wenn die Brillen die Fantasie der Leute beflügeln und sie ausschließlich über Google+

nutzbar sind, werden die Leute viel mehr Zeit in diesen momentan ungenutzten Accounts verbringen. Da Google weiterhin Google+ in all seine anderen Google-Dienste und Plattformen integriert, die bei den Leuten bereits beliebt sind – Search, Gmail, YouTube und Android –, wird es ein Knock-out-Sieg für Google sein. Und da die Plattform Facebook so ähnlich ist, wird sie keine Marketingexperten brauchen, die um eine Neuerfindung ihrer Content-Strategie kämpfen.

VINE

- Start: Januar 2013
- Mit Stand Juni 2013 hat Vine 13 Millionen Nutzer gewonnen.
- In der auf den Start von Vine folgenden Woche stammte fast die Hälfte der auf Twitter geposteten Videos von Vine.
- Alle sechs Sekunden werden fünf Vine-Videos auf Twitter geteilt.

Beschränkungen haben eine starke Wirkung. Auch wenn wir uns oft über die Beschränkungen ärgern, die uns von unseren Marketingplattformen auferlegt werden, kann unsere Storytelling-Kreativität sich oft aufgrund dieser Beschränkungen erst so richtig entfalten. Deshalb sollten wir alle Vine gut im Auge behalten, die Plattform für sechs Sekunden dauernde Videoschleifen, die kürzlich von Twitter übernommen wurde und mit viel Trara an den Start ging. Zum Zeitpunkt der Veröffentlichung dieses Buches werden wir sehen, wie die Beschränkungen ein unglaublich wirkungsvolles Storytelling inspiriert haben. Momentan lassen viele potenzielle Zuschauer die Gelegenheit, Videos anzuschauen, verstreichen, weil sie nicht wissen, ob sie zehn Sekunden oder zehn Minuten investieren müssen, und dabei ist der Werbespot am Anfang noch nicht mal mitgezählt. Das Versprechen, dass das Video nur sechs Sekunden dauert, wird viele Leute dazu animieren, Videos anzuschauen. Dies stellt eine großartige Chance für fähige Marketingexperten dar.

Ehrlich gesagt bin ich total vernarrt in Vine. Ich denke, dass dieses 6-Sekunden-Versprechen Vine zu einer der wichtigen Plattformen am Markt machen wird. Die Plattform ist das perfekte Produkt für unsere Welt – sie bietet genug Vielfalt, um die Sehnsucht der Verbraucher zu befriedigen, die ständig nach dem nächsten Dopaminausstoß suchen. Gleichzeitig sind die Videos kurz genug, dass die unter Zeitdruck stehenden Verbraucher immer wieder zurückkommen, um noch mehr davon anzuschauen. Ein Vater, den ich kenne, erzählte mir, dass Vine für seine 15 Jahre alte Tochter problematisch sei, da sie bis morgens um 3:00 Uhr Vine-Videos anschaue. Nach dem Grund gefragt, antwortete sie, dass sie es nicht absichtlich tue. Immer wenn sie gerade aufhören wolle, würde sie ein neues Video entdecken und denken: „Bloß noch eines – es dauert ja nur sechs Sekunden."

Für Marken und Unternehmen muss es Vorrang haben, die Funktionsweise von Vine zu durchschauen. Ganz ähnlich wie zuvor bei Instagram und Facebook war die Nutzergruppe in den ersten Monaten vorwiegend jung. Insbesondere die 18- bis 21-Jährigen fühlten sich angesprochen. In zwei bis drei Jahren wird der Altersdurchschnitt jedoch wesentlich zugenommen haben, und Unternehmen müssen dann hier präsent sein. Diese Plattform könnte für YouTube das bedeuten, was Twitter für Facebook bedeutet hat. Es wird immer längerformatige Storys geben, die sich besser für YouTube eignen, aber Vine wird die Videoplattform der Wahl werden, insbesondere wegen der Einbindung in Twitter. Als weiteren Anreiz sollten Sie Folgendes beachten: Mit Stand März 2013 teilen die Verbraucher markenbezogene Vine-Videos vier Mal so oft wie andere markenbezogene Internetvideos.

Leider ist die Plattform einfach noch nicht so ausgereift, dass ich Ihnen sagen könnte, wie sie am besten genutzt wird. Ich kann Ihnen nur raten, darauf zu achten, wie Sie Ihre Videos erstellen. Viele Leute machen den Fehler, ein Bild genau sechs Sekunden lang aufzunehmen. Das ist langweilig. Ebenso wie ein langer Film durch Schnitte einen Rhythmus und Spannung bekommt, sind Schnitte auch wesentlich für das Storytelling auf Vine. In naher Zukunft wird es wahrscheinlich ein oder zwei größere Veränderungen an der Plattform geben, aber ich werde – zusammen mit Ihnen – alles dafür tun, um herauszufinden, wie man dieses fantastische Instrument am besten nutzen kann, während es sich entwickelt. Momentan versuche ich, eine neue Agentur aufzubauen, die die besten Vine-Nutzer der Welt vertreten soll. Nach der Veröffentlichung dieses Buches können Sie prüfen, ob ich es durchgezogen habe.

SNAPCHAT

- Start: September 2011
- 60 Millionen „Snaps" werden mit Stand Februar 2013 pro Tag gesendet.
- Mein Snapchat-Name ist GaryVayner.

Snapchat, ein Service, der es den Nutzern ermöglicht, Fotos und Videos zu versenden, die sich in wenigen Sekunden selbst zerstören, wurde sofort als Sexting-Plattform etikettiert.* Viele Leute wären überrascht, festzustellen, dass Snapchat tatsächlich viel mehr zum Verbreiten visueller Gags und Witze als schmutziger Bilder verwendet wird. Snapchat wurde für eine Welt entwickelt, die nicht eine einzige Minute Langeweile aushalten kann und schnell süchtig danach wird, Content zu verteilen. Ich teile, also bin ich. Früher funktionierte das Internet nach der 90-9-1-Regel. Es galt das Prinzip, dass im Allgemeinen 90 Prozent der Internetnutzer Content konsumieren, 9 Prozent ihn bearbeiten und nur 1 Prozent ihn erstellen. Apps wie Snapchat werden diese Anteile jedoch verändern, und zwar eher im Sinne einer 75-20-5-Regel. Snapchat ist nicht für tiefsinnigen Content gedacht und nicht dafür, etwas für die Ewigkeit zu schaffen – nicht einmal dafür, etwas zu produzieren, was eines Tages als Fallstudie analysiert werden könnte. Es ist etwas, was die Leute nutzen, um sich schnell mal einen abzulachen, bevor sie ihre Tätigkeit fortsetzen. Stellen Sie sich

---

*) Sexting ist die private Verbreitung erotischen Bildmaterials des eigenen Körpers über Multimedia Messaging Services (MMS) oder Instant-Messaging-Anwendungen durch mobile Endgeräte (Anm. d. Übers).

vor, welche Macht eine Marke oder ein Unternehmen haben wird, dem es gelingt, die Leute so zu bearbeiten, dass sie es als bevorzugte Quelle für diese kleinen Momente der Alltagsflucht wählen. Snapchat ist auch ein Ort, wo Ihr Content wahrscheinlich mehr konzentrierte Aufmerksamkeit erfährt als auf irgendeiner anderen Plattform. Wenn die Nutzer nämlich wissen, dass Ihr Content in wenigen Sekunden verschwindet, ist das Anreiz genug für sie, dafür zu sorgen, dass sie ihn nicht verpassen.

Wie gewöhnlich wurde diese neue Plattform für ihren geringen Wert belächelt. Sie sei nicht nützlich. Niemand würde sie für etwas Wichtiges nutzen. Sie habe keinen Mehrwert. Das haben wir alles schon mal gehört. Die Debatte, die sich um den tatsächlichen Mehrwert von Snapchat dreht, ist die gleiche Debatte, die sich vor noch nicht allzu langer Zeit um Facebook und Twitter drehte. Und doch ist es offensichtlich, dass die Leute einen Mehrwert in der Plattform sehen, wenn täglich 60 Millionen Bilder mit ihr verschickt werden. Und dieser Mehrwert wird mit zunehmender Reife der Plattform noch wachsen.

Bis jetzt bieten diese Plattformen nur beschränkte Möglichkeiten für rechte Haken. Aber das muss nicht für immer so bleiben. Jemand wird herausfinden, wie man es macht. Dieser Jemand könnte ich sein. Es könnte auch jemand anders sein. Warum nicht Sie?

RUNDE 9:
DER EINSATZ

Content ist überaus wichtig, Kontext ist am allerwichtigsten, und dann gibt es noch den Einsatz. Zusammen bilden sie die drei entscheidenden Faktoren, um auf Facebook, Twitter und anderen Plattformen erfolgreich zu sein. Im Grunde gilt das für jede Art von Unternehmen. Ohne persönlichen Einsatz – ohne dass man sich rund um die Uhr intensiv, konsequent und engagiert bemüht – wird der beste Social-Media-Micro-Content, der innerhalb des passendsten Kontexts platziert wurde, ebenso unelegant zu Boden gehen wie James „Buster" Douglas, als er im November 1990 am Ende seines Kampfes mit Evander „the Real Deal" Holyfield auf die Matte krachte.

Es ist eine traurige Geschichte, obwohl es das nächste *Rocky* hätte sein sollen. Zur Zeit des Kampfes genoss Douglas seinen Ruhm als Welt-Schwergewichtschampion, nachdem er neun Monate vorher unerwartet den bis dahin unbesiegten Schwergewichtschampion „Iron" Mike Tyson vernichtend geschlagen hatte – als 15-jähriger Junge war ich damals so bestürzt darüber, dass ich mich in meinem Bett versteckte und einen Tag lang die Schule schwänzte. Ganz im Ernst.

Niemand hätte damit gerechnet, dass Douglas diesen früheren Kampf gewinnen würde. Tyson war der beste Boxer der Welt; einige hielten ihn sogar für den besten Boxer aller Zeiten. Das war das zehnte Mal, dass er seinen Titel verteidigte. Douglas hatte sich bestenfalls als unzuverlässiger Kämpfer gezeigt und wog oft zu viel. Die Chance, dass Tyson gewinnen würde, war so hoch, dass nur ein Wettbüro überhaupt Wetten auf den Kampf annehmen wollte. Die meisten Leute sahen sich den Kampf nur an, um zu sehen, wie schnell Tyson seinen Gegner k. o. schlagen konnte.

Douglas hatte aber etwas getan, was niemand von ihm erwartet hatte – er trainierte wie ein Verrückter. Teilweise motivierte ihn der unerwartete Tod seiner Mutter: „Ich wusste, dass sie irgendwo sagte: ‚Das ist mein Junge. Er wird es schaffen.' Ich dachte, wenn ich nicht mein Bestes gab, wenn ich nicht tat, was ich konnte, würde die Reise meiner Mutter in den Himmel etwas schwieriger sein. Das wollte ich nicht." Aber er hatte Mike Tyson auch persönlich getroffen und war nicht beeindruckt gewesen. Tyson konnte nicht das unbesiegbare Monster sein, für das alle ihn hielten, und Douglas würde es beweisen. Als er mit Tyson in den Ring stieg, hatte er seine Leistung im Bankdrücken von 180 auf 400 Pfund mehr als verdoppelt, über 13 Kilo abgenommen und unzählige Videos von Tyson-Kämpfen angeschaut. Er studierte Iron Mikes Kampftechniken, erkannte seine Fehler und erarbeitete zusammen mit seinen Managern und Trainern eine Strategie, um ihn zu besiegen.

Der Einsatz zahlte sich aus. Obwohl Douglas sich 24 Stunden vorher eine Grippe zugezogen hatte, verpasste er Tyson einen Schlaghagel starker, selbstbewusster Führhände – bis zu dem Punkt, da Tyson mit einem fast komplett zugeschwollenen Auge buchstäblich in den Seilen hing, um sich aufrecht zu halten. Douglas hatte Tyson die erste Niederlage seiner Karriere bereitet.

Einsatz ist der große Gleichmacher. Es spielt keine Rolle, ob Ihr Gegner drei Mal größer ist als Sie und wie ein Mack Truck gebaut ist. Es ist auch egal, ob er ein Marketingbudget hat, das dem Bruttosozialprodukt eines mittelgroßen Landes entspricht, oder ob er Hunderte von Mitarbeitern hat, während Sie selbst allein in einer Besenkammer mit zwei Laptops, einem iPad und einem Handy sitzen. Was zählt, ist der Einsatz, den Sie bei Ihrer Arbeit an den Tag legen. Und Einsatz war nie wichtiger als heute. Die sozialen Medien haben kreativen, entschlossenen und wendigen Start-up-Unternehmen den Zugang zum Markt ermöglicht und ihnen sogar einen Vorteil gegenüber Unternehmensriesen verschafft. Aber nun haben die großen Unternehmen, wenn auch zaghaft, ebenfalls endlich angefangen, in Social-Media-Plattformen wie Facebook zu investieren. Damit haben Jungunternehmer keinen so großen Vorteil mehr wie früher. Ein oder zwei Leute können einfach nicht überall gleichzeitig sein, um Communitys aufzubauen, wie dies eine Belegschaft von 20 Mitarbeitern tun kann. Sie können aber immer noch durch ihren Einsatz etwas erreichen. Budgets sollten keinen Einfluss darauf haben, wie viel Einsatz, Herzblut und Aufrichtigkeit in die Gespräche mit Ihren Kunden einfließen. Sie können nicht überall gleichzeitig sein, aber das macht nicht viel aus, wenn die Qualität Ihrer Kommunikation und ihrer Community bildenden Bemühungen besser als die aller anderen ist.

Wenn Sie auf Facebook eine tolle Führhand oder einen rechten Haken landen, werden die Leute anfangen zu kommentieren. Bei

Marketingexperten, die sich kreativ *und* aufrichtig an möglichst vielen der sich ergebenden Gespräche beteiligen, werden die Beziehungen zu den Nutzern eine höhere Relevanz haben als bei ihren Gegnern. Sie sollten auf jeden Fall die Personen, mit denen Sie sprechen wollen, taggen, um sicherzustellen, dass sie Ihre Erwiderung sehen, und um sie zur Fortsetzung des Dialogs auf Ihre Seite zurückzubringen. Vielleicht sehen Sie, dass einige Leute sich nicht sicher sind in Bezug auf Ihre Öffnungszeiten im Black Friday Sale oder in Bezug darauf, ob der Ausverkauf in all Ihren Ladengeschäften stattfindet. Indem Sie die Verwirrung aufklären, verstärken Sie Ihren rechten Haken und festigen die Kundenbeziehung. Und seien Sie stets charmant. Seien Sie lustig. Zeigen Sie, dass Sie sich kümmern. Die Leute werden gerne unterhalten und informiert, aber sie nehmen das von jedem an. Echte Verbindung und Kundentreue entstehen, wenn die Leute glauben, dass sie Ihnen sowohl als Kunde als auch menschlich etwas bedeuten. Die Leute sind normalerweise erstaunt, wenn eine Marke besonderen Einsatz zeigt, um sie glücklich zu machen. Es kommt eben nur selten vor, und deshalb können Sie sich hier als kleiner Unternehmer oder als große Firma von der Masse abheben. Größere Firmen werden sich in mehr Gespräche einbringen können als kleine, aber die Quantität allein wird die Interaktionsraten einer Marke nicht erhöhen – dies wird nur die Qualität eines Gesprächs bewirken.

Sie müssen allerdings bedenken, dass Sie in einem unendlichen Boxkampf kämpfen. Es stimmt, dass Marken, die konsequent Führhände in Form von geschicktem Storytelling und rechte Haken austeilen, schließlich so viel Markenwert aufbauen können, dass sie nicht so hektisch agieren müssen wie ein Newcomer oder eine Marke, die ihren Ruf verbessern muss, aber das ist alles relativ. Selbst wenn Sie 20 Prozent unter enormen Interaktionsraten liegen, ist das normalerweise immer noch mehr als die durchschnittlichen Interaktionsraten der meisten Marketingexperten. Aber Sie dürfen nicht faul werden und sich auf Ihren Lorbeeren ausruhen. Sie müssen weiterhin vollen Einsatz zeigen, sonst werden Sie in zehn Minuten k.o. geschlagen. Um genau zu sein: Im Fall von Buster Douglas dauerte es sieben Minuten und 45 Sekunden.

Douglas' Geschichte, die als Triumph eines Außenseiters begonnen hatte, nahm neun Monate nach seinem historischen Sieg über Mike Tyson eine enttäuschende Wendung. Als er im Februar aus dem Ring stieg, war er in ausgezeichneter Verfassung und der neue Welt-Schwergewichtschampion. Die nächsten Monate wurde er in den Medien herumgereicht, war zu Gast in der David-Letterman-Show, posierte für das Cover von *Sports Illustrated*, signierte Autogramme und genoss seinen Ruhm. Gleichzeitig trauerte er immer noch um seine Mutter. Er gab auch zu, dass er an Stresssymptomen und Depressionen litt. Schuld daran war ein Streit mit Don King, dem Box-Promoter mit der Starkstromfrisur, der sein Bestes tat, um die Ergebnisse des Douglas-Tyson-Kampfes aufzuheben. Douglas trainierte jedenfalls nicht mehr mit derselben Intensität wie bei der Vorbereitung auf den Tyson-Kampf. Als er für seinen Kampf mit Evander Holyfield offiziell gewogen wurde, sah er aus, als hätte er Unmengen von Cheeseburgern gegessen.

Als Douglas und Holyfield sich am 9. November 1990 im Ring gegenüberstanden, erweckten sie zuerst nicht den Eindruck, als wären sie völlig unpassende Gegner. Selbst der Ansager kommentierte, vielleicht etwas überrascht, es bestünde kaum ein Größenunterschied zwischen ihnen. Er verkniff sich jedoch einen Kommentar über das, was in der Sekunde, da jeder Boxer seinen Mantel auszog, offensichtlich wurde: ihre unterschiedliche Gestalt. Holyfields Trapezmuskeln waren so aufgebaut, dass sein Kopf auf einem ganz präzisen Muskeldreieck zu sitzen schien. Seine kräftigen Schultern und seine Brust schienen aus Granit gemeißelt zu sein, klar umrissen wie bei einer Statue. Als Douglas in seine Ecke stolzierte, wackelte hingegen der Reifen um seine Taille ein wenig über seinen glänzenden weißen Shorts; als er auf seinen Zehen tänzelte, wabbelten auch seine Brustmuskeln und sahen aus wie Hängebusen. Als der Kampf begann, war es, als würde ein Bulle gegen eine Bulldogge antreten. Douglas wurde in der vierten Runde k. o. geschlagen.

Es kommt auf den Einsatz an. Er spielt eine größere Rolle, als die meisten Leute wahrhaben wollen.

RUNDE 10:
ALLE UNTERNEHMEN SIND MEDIENUNTERNEHMEN

Nun habe ich über neun Kapitel hinweg immer wieder hervorgehoben, dass Micro-Content der Schlüssel zum Social Marketing ist. Tatsächlich gilt die Regel: Je kürzer Ihr Content und Ihr Storytelling ist, umso besser. Aber wenn ich in die Zukunft blicke, sehe ich ein Yin als Gegengewicht zu dem Micro-Content-Yang auftauchen. Letztendlich ist Content im Langformat nicht erledigt. Er existiert zum Beispiel immer noch in Form von YouTube-Videos, Zeitschriftenartikeln, Fernsehshows, Filmen und Büchern, wo er nach wie vor ein größeres Publikum findet. Aber Marken suchen weiterhin Vertriebskanäle jenseits der traditionellen Medien, über die sie früher ihren Content verbreitet haben. Zudem erkennen Unternehmen, dass sie ihre Medien immer weniger mieten müssen, sondern sie besitzen und beliebig oft an den Markt bringen können. Also werden sie sich fragen, warum sie sich überhaupt mit Medienunternehmen abgeben sollten. Warum können sie nicht einfach ihr eigenes Medienunternehmen werden? Das ist keine verrückte Idee. Es gibt keinen logischen Grund für die Annahme, dass ein Reifenhersteller ein Restaurantkritiker sein sollte, aber vor 100 Jahren hat die Firma Michelin damit begonnen, Landgasthöfe zu begutachten. Damit sollten Stadtbewohner dazu animiert werden, weiter zu fahren und damit ihre Autoreifen schneller abzunutzen. Guiness schuf das *Guiness Book of World Records,* um seine Marke zu stärken und den Leuten Gesprächsstoff in den Kneipen zu geben. Ebenso sage ich voraus, dass eines Tages eine Marke wie Nike ihren eigenen Sportsender gründen und erfolgreich gegen *ESPN* antreten könnte. Oder Amtrak könnte eine Zeitschrift herausbringen, die es mit *Travel + Leisure* aufnehmen könnte. Eine Luxusmarke wie Burberry hätte extrem niedrige Startkosten, wenn sie eine Alternative zum Luxus-Lifestyle-Magazin *Robb Report* veröffentlichen würde. Das Gleiche gilt für den Kochutensilien-Verkäufer Williams-Sonoma, der problemlos seine eigene Version von *Eater* oder *Thrillist* publizieren könnte. Solange Marken transparent bleiben, sodass ihre Kunden diese Websites und Veröffentlichungen nicht irrtümlicherweise als streng objektive Content-Anbieter betrachten, könnte das eine wirksame Methode sein, um ihre Markenwahrnehmung und ihre Content-Reichweite zu vergrößern.

In gewisser Weise wäre es nichts anderes als das, was ich mit Wine Library TV getan habe. Jeder wusste, dass ich Wein verkaufte, aber die Leute vertrauten meinen Produktrezensionen, weil ich mich sehr darum bemühte, ehrlich, fair und authentisch zu sein.

Jede andere Marke könnte das Gleiche für das Produkt oder den Service tun, den sie verkauft.

Einige Leute werden skeptisch sein. Das ist zu erwarten, vor allem bei den Älteren. Aber die Jungen, die unter 30-Jährigen, die auf ihren Bullshit-Detektor vertrauen? Sie wissen, dass das die Zukunft ist, und es erschreckt sie nicht. Sie sind im Zeitalter der Transparenz erwachsen geworden, und sie wissen, dass sie keine andere Wahl haben, als ihre Kunden ehrlich und respektvoll zu behandeln. Kein Kunde wird sich mit weniger zufriedengeben. In der Marketingwelt wird es bald keine Trennung zwischen Kirche und Staat mehr geben. Es wird aufregend sein, die Innovationen zu erleben, die sich ergeben, wenn Marken wichtige Player in der Medienwelt werden.

RUNDE 11:
FAZIT

Es ist viel Einsatz erforderlich, um herauszufinden, wie man das volle Potenzial einer Social-Media-Plattform nutzt, und heute haben wir sieben große, mit denen wir uns abgeben müssen. Ich habe gehofft, ein kurzes, nützliches Buch zu schreiben, das visuell ebenso ansprechend ist wie ein Tumblr- oder Pinterest-Posting. Mein Ziel war es, die aktuell beliebtesten und aufregendsten Plattformen in ihre wesentlichen Bausteine Text, Bild, Ton und Verlinkungsmöglichkeiten aufzugliedern. Auf diese Weise sollte die explodierende Social-Media-Szene für Marketingexperten oder Unternehmer, die versuchen, mit ihr Schritt zu halten, etwas weniger beängstigend wirken. Ich verspreche Ihnen, dass die Zeit, die Sie investieren, um sich mit den Ins und Outs dieser Plattformen vertraut zu machen, sich jetzt und in Zukunft auszahlen wird. Die Geschwindigkeit, mit der sie sich verändern, schwankt, aber es ist tatsächlich so, dass die meisten Unternehmen und Verbraucher sich langsamer anpassen, als sie sollten. Diese Tatsache wirkt sich zu Ihrem Vorteil aus. Es bedeutet, dass Sie einen wesentlichen geschäftlichen Vorteil haben, wenn Sie sich dazu entschließen, zu dem Bruchteil der Marketingexperten zu gehören, die sich die Zeit nehmen, die Geheimnisse dieser Plattformen richtig zu ergründen. Und es wird immer nur ein Bruchteil sein. Ein Mitglied des Google-Analytics-Teams hat mich kürzlich darüber informiert, dass fast niemand das Tracking-System richtig nutzt. Google Analytics gibt es nun schon acht Jahre und damit eigentlich lange genug, dass die Marketingabteilungen es in- und auswendig kennen müssten. Aber die Leute nehmen es als ungemein kompliziert und unübersichtlich wahr. Daher haben selbst die besten E-Commerce-Unternehmen nicht die Zeit und die Mühe investiert, die nötig gewesen wären, um herauszufinden, wie man von all den verfügbaren Funktionen profitiert.

Es gibt einige wenige Marketingexperten da draußen, die es dennoch getan haben, und die von ihnen gesammelten Daten helfen ihnen täglich dabei, die Konkurrenz zu schlagen. Sie haben begriffen, dass die von ihnen investierte Zeit nicht viel ist gemessen an der hohen Rendite, die das von ihnen erworbene Wissen bringen könnte. Marketingexperten, die sich Mühe geben, die Nuancen und Feinheiten der in diesem Buch vorgestellten Plattformen wirklich zu verstehen, können und werden einen Vorteil haben. Ja, es wird frustrierend sein, wenn Facebook mal wieder seinen Algorithmus und seine Newsfeeds ändert. Auch Twitter und Pinterest werden wahrscheinlich kleine Änderungen und Designanpassungen vornehmen. Aber wenn Sie sich der Frustration nicht überlassen und weiterhin aufmerksam bleiben und herausfinden, wie Sie diese Änderungen zu Ihrem Vorteil nutzen können, werden Sie sofort in einer ganz anderen Liga spielen als der Großteil der Marketingmeute. Andere werden sich vielleicht abrackern und schließlich aufholen, sodass Ihr Vorteil abflacht, aber Sie können sich in diesen zwei oder drei Jahren, in denen Sie der Zeit voraus sind, dennoch einen gewaltigen Vorsprung verschaffen und extrem erfolgreich sein. Nebenbei gesagt, wenn Sie es sich zur Gewohnheit gemacht haben, der Zeit voraus zu sein, dann ist es doch egal, wenn die anderen aufholen, oder? Sie werden sich also im Sinne des Songs *On to the Next One* von Jay Z auf das nächste große Ding stürzen und wahrscheinlich herausfinden, wie man Storytelling auf einem Google-Glass-Brillen-Display anstatt auf einem Smartphone betreibt. Und dann werde ich wahrscheinlich ein neues Buch mit dem Titel *Storytelling mit Brille* oder so ähnlich schreiben.

In der Zwischenzeit werde ich nach dem Erscheinen dieses Buches überall Storytelling machen, indem ich bei jeder Gelegenheit Führhände und rechte Haken austeile. Vielleicht werde ich ein neun Sekunden dauerndes Video auf Facebook herausbringen und dann einen kurzen Tweet mit einem Link zu Amazon folgen lassen. Gleichzeitig werden Sie vielleicht ein Foto des Buchumschlags auf Instagram finden und dann ein animiertes GIF desselben Fotos auf Tumblr, wo sich das Buch auf einer Ecke dreht. Ich muss es mir überlegen. Egal, was ich tue, ich werde jedenfalls immer die gleiche Story erzählen – über die sozialen Medien, über das Geschäft und darüber, dass beide mittlerweile wirklich ein und dasselbe sind.

RUNDE 12:
KNOCK-OUT

Einige Tage, bevor ich die umwerfende Schlussversion des Manuskripts für dieses Buch an meinen Lektor schickte, startete Instagram ein 15-Sekunden-Videoprodukt, das in direkter Konkurrenz zu Vine steht. Ich war in Cannes, und sobald ich konnte, ging ich zurück in mein Hotelzimmer und schaute mir vier Stunden lang jedes Instagram-Video an, das ich finden konnte. Seither suchen mein Team bei VaynerMedia und ich sowie die fortschrittlichsten Marketingexperten der Welt fieberhaft nach der besten Methode, in 15-Sekunden-Videos auf einer für Bilder ausgerichteten Plattform Storytelling zu machen. Ich kann mir keine passendere Illustration der Welt, in der wir leben, vorstellen.

Vergessen Sie *Mad Men* und Don Draper. Er hat in einer einfachen Welt gelebt, wo sich 30 Jahre lang nichts geändert hat, wo man seine ganze Karriere damit verbringen konnte, herauszufinden, wie die Print- und Fernsehmärkte funktionieren. Diese Welt, in der Sie und ich leben, entwickelt sich jedoch jede Sekunde, jeden Tag weiter. Die Fertigkeiten, die man braucht, um heutzutage ein erfolgreicher Unternehmer, ein erfolgreicher Marketingexperte oder ein bedeutender Prominenter zu sein, unterscheiden sich von denen, die man vor zehn Jahren gebraucht hat, auch wenn Letztere jahrzehntelang gültig waren.

DER KAMPF UM KUNDEN

Ich habe schlechte Nachrichten: Marketing ist harte Arbeit, und sie wird immer härter. Aber wir haben keine Zeit, um der Vergangenheit nachzutrauern oder uns selbst zu bemitleiden, Selbstmitleid macht grundsätzlich keinen Sinn. Es ist unsere Aufgabe als Storyteller der Gegenwart, uns an die Realitäten des Marktes anzupassen, denn er wird unter jeder Garantie sein Tempo nicht für uns drosseln.

Video für Instagram ist nur die neueste Entwicklung. Bald wird Google Glass an den Start gehen und wir müssen herausfinden, wie wir plattformspezifisches Storytelling auf einem Display machen können, das über dem rechten oder linken Auge unseres Kunden schwebt. Und im weiteren Verlauf werden wir ständig neu evaluieren müssen, wie oft wir unseren Kunden mit Apps und Videos und Brillen einen Mehrwert bieten müssen, bevor wir sie um eine Gegenleistung bitten können. Wir müssen daran denken, dass wir geben, geben und nochmals geben müssen, bevor wir um etwas bitten. Das wird immer die wahre Herausforderung sein. Ebenso die Fähigkeit, sich schnell genug zu bewegen, um Schritt zu halten.

Dass es Vorteile bringt, wenn man sich schnell auf neue Plattformen wagt, hat sich immer wieder aufs Neue erwiesen. Die Personen und Marken, die auf Instagram und Pinterest besonderen Erfolg haben, sind nicht unbedingt dieselben, die auf Facebook und Twitter populär waren – sie waren nur als Erste auf den neuen Plattformen präsent und haben deren Funktionsweise früher als die anderen durchschaut. Es sind diejenigen, die sich dorthin gewagt haben und angefangen haben, zu testen, zu lernen und andere zu beobachten. Sie haben sich alle etwas getraut.

Ich hoffe, dass Sie das auch tun. Ich hoffe, dass Sie um Ihren Platz im Social-Media-Boxring ebenso wild und entschlossen kämpfen wie Muhammad Ali und Joe Frazier beim Thrilla in Manila. Wenn Sie den Thrilla nicht kennen: Er wurde als einer der großartigsten Boxkämpfe in der Geschichte beschrieben. Ali wurde offiziell zum Sieger erklärt, aber es heißt, dass beide Gegner so hart und gut kämpften, dass es an diesem Tag eigentlich keinen Verlierer gab.

Ich gewinne gern; Sie hoffentlich auch!

QUELLENANGABEN

ERSTE RUNDE

17 „weil es allein in den USA fast 325 Millionen Mobilfunkverträge gibt": Colin Knudson, "Smartphones, Tablets, and the Mobile Revolution," Mobile Marketer, January 29, 2013, http://www.mobilemarketer.com/cms/opinion/columns/14667.html.

18 „dass fast die Hälfte der Mobilfunknutzer auch soziale Medien nutzt": "Americans Get Social on Their Phones," emarketer.com, August 8, 2012, http://www.emarketer.com/Article/Americans-Social-on-Their-Phones/1009247.

18 „71 Prozent der Bevölkerung": Shayndi Raice, "Days of Wild User Growth Appear Over at Facebook," *Wall Street Journal*, June 11, 2012, http://online.wsj.com/article/SB10001424052702303296604577454970244896342.html.

18 „Fast die Hälfte aller Nutzer von sozialen Netzwerken": Andrew Eisner, "Is Social Media a New Addiction?" Retrevo Blog, March 15, 2010, http://www.retrevo.com/content/node/1324.

18 „Angehörige der geburtenstarken Jahrgänge, die für 70 Prozent der privaten Konsumausgaben verantwortlich sind": Jack Loechner, "Booming Boomers," Media Post.com, August 21, 2012, http://www.mediapost.com/publications/article/181095/booming-boers.html#axzz2XtXe5SNi.

DER KAMPF UM KUNDEN

18 „Die Mütter, die in den meisten Familien für die Einkäufe zuständig sind und den Haushaltsplan erstellen": Melissa DeCesare, "Moms and Media 2012: The Connected Mom," Edison Research, May 8, 2012, http://www.edisonresearch.com/home/archives/2012/05/moms-and-media-2012-the-connected-mom.php.

20 „Es dauerte 38 Jahre, bis 50 Millionen Menschen ein Radio hatten": United Nations Cyber Schoolbus, n.d., http://www.un.org/cyberschoolbus/briefing/technology/tech.pdf. Anzahl der Jahre, die das Telefon brauchte, um 50 Millionen Nutzer zu erreichen: International Telecommunication Union, "Challenges for the Network: Internet for Development," Executive Summary, October 1999, http://www.itu.int/itudoc/itu-d/indicato/59187.pdf. Anzahl der Jahre, die das Fernsehen brauchte, um 50 Millionen Zuschauer zu erreichen: United Nations Cyber Schoolbus, n.d., http://www.un.org/cyberschoolbus/briefing/technology/tech.pdf. Anzahl der Jahre, die das Internet brauchte, um 50 Millionen Nutzer zu erreichen: Ebd. Anzahl der Jahre, die Facebook brauchte, um 50 Millionen Nutzer zu erreichen: newsroom.facebook.com. Anzahl der Jahre, die Instagram brauchte, um 50 Millionen Nutzer zu erreichen: Chris Taylor, "Instagram Passes 50 Million Users, Adds 5 Million a Week," Mashable.com, April 30, 2012. http://mashable.com/2012/04/30/instagram-50-million-users.

22 „Weil Sie nur ein Prozent Ihres Werbebudgets in mobile soziale Medien investieren": Kathryn Koegel, "Branding and Interactive Spending: Are We There Yet?," *Advertising Age*, October 29, 2012, http://adage.com/article/digital/branding-interactive-spending/238004/?utm_source=digital_email&utm_medium=newsletter&utm_campaign=adage.

DRITTE RUNDE

45 „Die Plattform hieß": Sid Yadav, "Facebook, The Complete Biography," Mashable.com, August 25, 2006, http://mashable.com/2006/08/25/facebook-profile.

45 „In einer Umfrage aus dem Jahr 2006": Mike Snider, "iPods Knock Over Beer Mugs," USAToday.com, June 7, 2006, http://usatoday30.usatoday.com/tech/news/2006-06-07-ipod-tops-beer_x.htm.

45 „Der ‚Like'-Button": Matt Lynley, "28 Crazy Facts You Didn't Know About Facebook," BusinessInsider.com, May 17, 2012, http://www.businessinsider.com/28-crazy-facts-you-didnt-know-about-facebook-2012-5?op=1.

45 „Mark Zuckerberg lehnte Foto-Sharing ursprünglich ab": Ebd.

45   „betrug die Zahl der aktiven Nutzer über eine Milliarde": Facebook Newsroom, Facebook.com, http://newsroom.fb.com/Key-Facts.

45   „gab es pro Monat 680 Millionen": Ebd.

45   „Jede fünfte Internetseite": Matt Tatham, "15 Stats About Facebook," Experian.com, May 16, 2012, http://www.experian.com/blogs/marketing-forward/2012/05/16/15-stats-about-facebook.

VIERTE RUNDE

99   „Mit Stand Dezember 2012": Tom Pick, "102 Compelling Social Media and Online Marketing Stats and Facts for 2012 (and 2013)," Business2Community, January 2, 2013, http://www.business2community.com/social-media/102-compelling-social-media-and-online-marketing-stats-and-facts-for-2012-and-2013-0367234.

99   „Das Twitter-Konzept entwickelte sich": Eli Langer, "7 Things You Didn't Know About Twitter," BusinessInsider.com, March 17, 2013, http://www.businessinsider.com/7-things-you-didnt-know-about-twitter-2013-3.

99   „Das Unternehmenslogo": Ebd.

99   „JetBlue war eines der ersten": Andrew Moore, "A Conversation with Twitter Co-Founder Jack Dorsey," *Daily Anchor*, n.d., http://www.thedailyanchor.com/2009/02/12/a-conversation-with-twitter-co-founder-jack-dorsey.

99   „Die Nutzer posten 750": Danny Brown, "52 Cool Facts and Stats About Social Media (2012 Edition)," Ragan's PR Daily, June 8, 2012, http://www.prdaily.com/Main/Articles/52_cool_facts_and_stats_about_social_media_2012_ed_11846.aspx#.

FÜNFTE RUNDE

133 „48,7 Millionen Nutzer": Craig Smith, "(June 2013) How Many People Use the Top Social Media, Apps, and Services?," Digital Marketing Ramblings, June 23, 2013, http://expandedramblings.com/index.php/resource-how-many-people-use-the-top-social-media.

133 „Von 2011 bis 2012": Greg Finn, "Pinning the Competition: Pinterest's Four-Digit Growth is Tops in 2012," Marketing Land, December 4, 2012. http://marketingland.com/pinning-the-competition-pinterests-four-digit-growth-is-tops-of-2012-27769.

133 „Der am häufigsten repinnte Pin": Craig Smith, "Jabra Creates Contest to Find the Most Pinteresting Mom," Pinterest Insider, May 8, 2013, http://www.pinterestinsider.com.

134 „der weiblichen Nutzergruppe […], die […] deutlich stärker vertreten ist": Craig Kanalley, "Pinterest May Be Bigger Than You Think, Competing to Be the 2nd Most Popular Social Network," *Huffington Post*, February 15, 2013, http://www.huffingtonpost.com/craig-kanalley/pinterest-competing-twitter_b_2697791.html.

134 „Pinterest wurde erfunden": Alyson Shontell, "Meet Ben Silberman, the Brilliant Young Co-Founder of Pinterest," Business Insider, May 13, 2012, http://www.businessinsider.com/pinterest–2012–3.

134 „von circa 48 Millionen Nutzern": Sarah McBride, "Startup Pinterest Wins New Funding, $2.5 Billion Valuation," Reuters, February 20, 2013, http://www.reuters.com/article/2013/02/21/net-us-funding-pinterest-idUSBRE91K01R20130221.

134 „Das entspricht 16 Prozent": Maeve Duggan and Joanna Brenner, "The Demographics of Social Media Users, 2012," Pew Internet, February 14, 2013, http://pewinternet.org/Reports/2013/Social-media-users/The-State-of-Social-Media-Users/Overview.aspx.

135 „Mittlerweile hat Pinterest seine Nutzungsbedingungen überarbeitet": Pinterest, http://about.pinterest.com/copyright.

135 „Eine Umfrage von Steelhouse": "Pinterest Users Nearly Twice as Likely to Purchase than Facebook Users, Steelhouse Survey Shows," Steelhouse press release, Steelhouse.com,

May 30, 2012, http://www.steelhouse.com/press-center/pinterest-users-nearly-twice-as-likely-to-purchase-than-facebook-users-steelhouse-survey-shows.

135 „Pinterest generiert vier Mal": "Advertising on Pinterest: A How-To Guide," Prestige Marketing, May 4, 2013, http://prestigemarketing.ca/blog/advertising-on-pinterest-a-how-to-guide-infographic.

135 „Einige kleine Unternehmen": James Martin, "12 Things You Should Know About Pinterest," Life Reimagined for Work, January 23, 2013, http://workreimagined.aarp.org/2013/01/12-things-you-should-know-about-pinterest/#.UVH8nK3ERRM.email.

135 „Zwischen 2011 und 2012": Jeffrey Zwelling, "Pinterest Drives More Revenue per Click than Facebook," Venture Beat, April 9, 2012, http://venturebeat.com/2012/04/09/pinterest-drives-more-revenue-per-click-than-twitter-or-facebook.

136 „erhöht sich nämlich die Anzahl der ‚Gefällt mir'-Angaben": Mark Hayes, "How Pinterest Drives Ecommerce Sales," Shopify, May 2012, http://www.shopify.com/blog/6058268-how-pinterest-drives-ecommerce-sales#axzz2SEv3Ya59.

SECHSTE RUNDE

151 „Mit Stand Dezember 2012": Greg Finn, "Pinning the Competition: Pinterest's Four-Digit Growth Is Tops of 2012," Marketing Land, December 12, 2012, http://marketingland.com/pinning-the-competition-pinterests-four-digit-growth-is-tops-of-2012-27769; http://www.theverge.com/2013/6/20/4448904/instagram-now-has-130-million-active-monthly-users.

151 „40 Millionen Fotos": Ebd.

151 „Flickr brauchte zwei Jahre": Mark Ashley-Wilson, "Some Fun Facts About Instagram #Infographic," Adverblog.com, August 18, 2011, http://www.adverblog.com/2011/08/18/some-fun-facts-about-instagram-infographic.

151 „Die Instagram-Fotos generieren": Ebd.

151 „Instagram startete": Kevin Systrom, "Instagram: What Is the Genesis of Instagram?," Quora.com, October 8, 2010, http://www.quora.com/Instagram/What-is-the-genesis-of-Instagram.

152 „100 Millionen aktive Nutzer pro Monat": Kevin Systrom, "Photoset," Instagram, February 2013, http://blog.instagram.com/post/44078783561/100-million.

152 „Da jede Sekunde ein neuer Nutzer hinzukommt": Katy Daniells, "Infographic: Instagram Statistics 2012," DigitalBuzz.com, May 13, 2012, http://www.digitalbuzzblog.com/infographic-instagram-stats.

SIEBTE RUNDE

167 „132 Millionen […] mit Stand Juni 2013": Tumblr Press Information, http://www.tumblr.com/press.

167 „60 Millionen neue Postings": Tumblr Press Information, http://www.tumblr.com/press.

167 „Der Tumblr-Blog": David Karp, "Don't Laugh at Us," Tumblr.com, May 8, 2008, http://staff.tumblr.com/post/28221734/dont-laugh-at-us.

167 „Für jede neue Funktion": Liz Welch, "David Karp, the Nonconformist Who Built Tumblr," Inc.com, June 2011, http://www.inc.com/magazine/201106/the-way-i-work-david-karp-of-tumblr_pagen_2.html.

167 „Steht an erster Stelle bei der durchschnittlichen Anzahl": Diana Cook, "Facebook's 900 million? But What About Engagement?" TheNextWeb.com, May 17, 2012, http://thenextweb.com/socialmedia/2012/05/17/sure-Facebook-has-900-million-users-but-its-engagement-is-smoked-by-these-other-sites/?Fromat=all.

167 „Für 1,1 Milliarden US-Dollar […] übernommen": Chris Isidore, "Yahoo Buys Tumblr in 1.1 billion deal," CNNMoney.com, May 20, 2013, http://money.cnn.com/2013/05/20/technology/yahoo-buys-tumblr/index.html.

168 „Er hatte massenweise Ideen": Tom Cheshire, "Tumbling on Success: How Tumblr's David Karp Built a £500 Million Empire," Wired.Co.UK, February 2, 2012, http://www.wired.co.uk/magazine/archive/2012/03/features/tumbling-on-success?page=all.

168 „Das ‚Kraut-und-Rüben-Format' von Tumblr": Ebd.

168 „führte Tumblr ein modernisiertes Dashboard ein": Sarah Perez, "With Today's Update, Tumblr Starts to Look More like a Fully Featured Twitter than Blogging Platform," TechCrunch.com, January 24, 2013, http://techcrunch.com/2013/01/24/with-todays-update-tumblr-starts-to-look-more-like-a-fully-featured-twitter-than-blogging-platform.

168 „In einem *Forbes*-Interview": Jeff Bercovici, "Tumblr: David Karp's $800 Million Art Project," Forbes.com, January 2, 2013, http://www.forbes.com/sites/jeffbercovici/2013/01/02/tumblr-david-karps-800-million-art-project.

174 „Wenn Leonardo da Vinci": Hugh Hart, "Animated GIFS Paint Breaking Bad Characters in DayGlo Pixels," Wired.com, April 12, 2012, http://www.wired.com/underwire/2012/04/breaking-bad-gifs.

177 „wenn Sie direkt auf den Tumblr-Blog von *Fresh Air* gehen": Mel Kramer, *Fresh Air* on Tumblr, April 10, 2013, http://nprfreshair.tumblr.com/post/47647361814/i-was-sick-and-out-of-the-office-most-of-last-week.

ACHTE RUNDE

188 „200 Millionen Mitglieder": Jacco Valkenburg, "Everything You Want to Know About LinkedIn," Global Recruiting Roundtable, January 22, 2013, http://www.globalrecruitingroundtable.com/2013/01/22/linkedin-facts-figures–2013/?goback=.gde_52762_member_206908630#.UWcEfhnLInY.

188 „Jede Sekunde": Ebd.

188 „Über 2,8 Millionen": Ebd.

188 „Führungskräfte aller Fortune-500-Unternehmen 2012": LinkedIn Press Center, http://press.linkedin.com/About.

188 „Studenten und College-Absolventen": Montpellier PR, "25 Amazing LinkedIn Stats You Can't Miss," Montpellier Public Relations, January 17, 2013, http://montpellierpr.wordpress.com/2013/01/17/25-amazing-linkedin-stats-you-cant-miss.

190 „Mit Stand Juni 2013 hat Vine 13 Millionen Nutzer gewonnen": Jenna Wortham, "Vine, Twitter's New Video Tool, Hits 13 Million Users," *New York Times*, June 3, 2013, http://bits.blogs.nytimes.com/2013/06/03/vine-twitters-new-video-tool-hits-13-million-users.

190 „In der auf den Start von Vine folgenden Woche": Jordan Crook, "One Week In, Vine Could Be Twice as Big as Socialcam," TechCrunch, January 31, 2013, http://techcrunch.com/ 2013/01/31/one-week-in-vine-could-be-twice-as-big-as-socialcam.

190 „werden fünf Vine-Videos auf Twitter geteilt": Christopher Heine, "Twitter Vines Get Shared 4X More than Online Video: Researcher Says Nascent Tool Packs Branding Punch," *AdWeek*, May 9, 2013, http://www.adweek.com/news/technology/twitter-vines-get-shared–4x-more-online-video–149340.

191 „teilen die Verbraucher markenbezogene Vine-Videos": Ebd.

191 „60 Millionen ‚Snaps'": Jenna Wortham, "A Growing App Lets You See It, Then You Don't," *New York Times*, February 8, 2013, http://www.nytimes.com/2013/02/09/technology/snapchat-a-growing-app-lets-you-see-it-then-you-dont.html?_r=0.

NEUNTE RUNDE

194 „Teilweise motiverte ihn": Robert Seltzer, "Fortitude Made Douglas a Big Hit, a Change of Heart Led to Triumph in Tokyo," *Philadelphia Inquirer*, February 15, 1990.

195 „Er gab auch zu, dass er an […] litt": Unbekannter Autor, "Douglas Weighs In at 246 vs. Holyfield," *Daily Record*, October 25, 1990, http://news.google.com/newspapers?nid=860&dat=19901025&id=4HhUAAAAIBAJ&sjid=e48DAAAAIBAJ&pg=6802,7359288.

DANKSAGUNGEN

Ich muss mich bei so vielen Leuten bedanken, dass all ihre Namen nie in einen Tweet passen würden. Also habe ich mich entschieden, sie hier in diesem Buch zu erwähnen.

Zunächst möchte ich vor allem meiner Familie danken, die ich sehr liebe und die mir immer hilft, mich unterstützt und antreibt. Sie ist wirklich das, was mich in meinem Leben trägt.

Ebenso möchte ich Stephanie Land danken, die mir beim Schreiben meiner Bücher eine echte Partnerin ist. Dies ist das dritte Buch, das wir zusammen geschrieben haben. Steph, vielen Dank! Ich könnte wirklich nie ein Buch ohne dich schreiben.

Ein großes Dankeschön auch an meinen lieben Nathan Scherotter, der dieses Buch entscheidend mitgestaltet hat. Nate ist seit vielen Jahren ein bewundernswerter Freund und Geschäftspartner. Seine Hilfe bei der inhaltlichen Konzeption dieses Buches sowie beim anschließenden Verkauf war ungemein wichtig. Ich liebe ihn wie einen Bruder – außer wenn wir Basketball gegeneinander spielen.

Ebenso möchte ich allen Mitarbeitern bei VaynerMedia danken, die mir bei diesem

Projekt geholfen haben. Kelly McCarthy, Marcus Krzastek und Etan Bednarsh – vielen Dank, dass ihr so tolle Partner und Freunde seid. Ein weiteres großes Dankeschön geht an die Teammitglieder Vikash Shah, Steve Unwin, Sam Taggart, Colin Reilly, Alan Hui-Bon-Hoa, Haley Schattner, India Kieser, Jed Greenwald, Jeff Worrall, Katie Katherine Beattie, Nik Bando, Patrick Clapp, Michael Roma und Simon Yi dafür, dass sie mir beim Inhalt dieses Buches geholfen haben. Dank auch an Andrew Linfoot, George Barton und Kyle Rosen, dass sie mich im Rahmen eines Praktikums unterstützt haben.

Ein großes Dankeschön geht an die Mitarbeiter von HarperCollins. Die Zusammenarbeit mit Hollis Heimbouch und ihrem Team war immer sehr angenehm und ich habe bei jedem Schritt meines Weges große Unterstützung erfahren.

Vor allem aber möchte ich allen Fans und den anderen danken, die mir die letzten vier bis fünf Jahre gefolgt sind, als ich mich mit den aktuellen Trends beschäftigt habe. Es hört sich vielleicht klischeehaft an, wenn ich sage, dass ich ohne euch nicht so weit gekommen wäre, aber es ist Tatsache. Wenn ihr nicht weiterhin meine Bücher kaufen, lesen und auf sie reagieren würdet, würde ich sie nicht schreiben. Danke!

Schließlich muss ich wie immer meiner Familie danken, die ich von ganzem Herzen liebe. Meinen Eltern, Sasha und Tamara, sowie meiner Großmutter Esther. Meinem Bruder A. J. und seiner wunderbaren Freundin Ali. Meiner Schwester Liz, meinem Schwager Justin und ihren beiden Kindern Hannah und Max. Meinem Schwager Alex, seiner Frau Sandy Klein und ihren Kindern Zach und Dylan. Ebenso meinen wunderbaren Schwiegereltern Peter und Anne Klein. Ihr alle bedeutet mir unendlich viel.

208 Seiten
broschiert
22,90 [D] / 23,50 [A]
ISBN: 978-3-941493-50-6

Gary Vaynerchuk:
Hau rein!

Haben Sie ein Hobby, mit dem Sie sich den ganzen Tag beschäftigen könnten? Eine Leidenschaft, die Sie nachts wach hält? Jetzt ist der perfekte Zeitpunkt, um mit dieser Leidenschaft Geld zu verdienen. In „Hau rein!" zeigt Ihnen Gary Vaynerchuk, wie Sie das Internet nutzen können, um aus Ihren Träumen ein lukratives Geschäftsmodell zu machen.

352 Seiten
broschiert
22,90 [D] / 23,50 [A]
ISBN: 978-3-864700-01-9

Gary Vaynerchuk:
Die Thank You Economy

Im Zeitalter von Web 2.0 wird die Forderung des Kunden nach Authentizität und Ehrlichkeit immer wichtiger für alle Unternehmen. Interaktion und eine direkte Beziehung zum Kunden werden zum Muss. In diesem Standardwerk erläutert Web-Guru Gary Vaynerchuk, wie sich Unternehmen dieser Herausforderung erfolgreich stellen können.

BOOKS4SUCCESS

240 Seiten
gebunden mit SU
24,99 [D] / 25,75 [A]
ISBN: 978-3-86470-172-6

Willms Buhse:
Management by Internet

Werte wie Vernetzung, Offenheit, Partizipation und Agilität, die für „Digital Natives" längst Alltag sind, müssen auch in Unternehmen Einzug halten. Nur dann gelingt es, gute Nachwuchskräfte an sich zu binden, Mitarbeiter zu motivieren und innovativ zu bleiben. Wie macht man das? Das zeigt Dr. Willms Buhse anhand von zahlreichen Beispielen aus der Praxis.

240 Seiten
broschiert
19,90 [D] / 20,50 [A]
ISBN: 978-3-86470-089-7

Michael Ehlers:
Kommunikationsrevolution Social Media

Soziale Medien haben unser Kommunikationsverhalten revolutioniert. Doch wie nutze ich sie optimal? Wie erkenne und umgehe ich die Risiken? Kommunikationsprofi Michael Ehlers gibt Antworten für alle, die Social Media erfolgreich, effektiv und sicher nutzen möchten – von Eltern, die ihre Kinder schützen wollen, bis zum Unternehmer, der seine Marke im Netz richtig positionieren muss.

336 Seiten
gebunden mit SU
24,90 [D] / 25,60 [A]
ISBN: 978-3-864700-86-6

Michael Saylor
The Mobile Wave

Die „mobile Welle", ausgelöst durch die bald allgegenwärtigen Smartphones, revolutioniert den Erdball: virtuelles Geld, Telemedizin und vieles mehr. Und durch die soziale Vernetzung verschieben sich die Kräfte – Stichwort Arabischer Frühling. Michael Saylor fragt: Wollen wir auf dieser gigantischen Welle reiten oder Gefahr laufen, von ihr überrollt zu werden?

336 Seiten
broschiert
24,90 [D] / 25,60 [A]
ISBN: 978-3-86470-124-5

Ryan Holiday:
Operation Shitstorm

Wie entstehen bösartige Gerüchte im Internet, die Unternehmen und Individuen in Bedrängnis bringen? Wer steckt hinter solchen Kampagnen? Medien-Profi Ryan Holiday gewährt Einblicke in die Welt der professionellen Medien-Manipulatoren. Erfahren Sie, wie heutzutage Meinungen „gemacht" werden und wie die Öffentlichkeit gezielt hinters Licht geführt wird.

352 Seiten
gebunden mit SU
19,99 [D] / 20,59 [A]
ISBN: 978-3-86470-177-1

Porter Gale:
Du bist, wen du kennst

Gute Beziehungen verhelfen zum nächsten Job, dem begehrten Auftrag oder zur neuen Wohnung. Porter Gale zeigt, wie Sie in nur 13 Schritten ein Netzwerk aufbauen, das Ihnen in jeder Lebenslage Rückhalt bietet und Ihnen zu mehr Zufriedenheit, Glück und Erfolg verhilft. Ein zentrales Element dabei sind die Möglichkeiten, die sich durch soziale Medien wie Twitter und Co ergeben.

BOOKS 4 SUCCESS

192 Seiten
broschiert
17,90 [D] / 18,40 [A]
ISBN: 978-3-941493-24-7

Stephen C. Lundin / Carr Hagerman: SaleSalabim

Stephen Lundin ist wieder da! Nach „Fish!" nun sein neues Werk: ein Weckruf an alle, die als Verkäufer in Zukunft besser und erfolgreicher sein möchten. Lundins Credo: In jedem von uns steckt ein Verkäufer – es ist egal, ob man den eigenen Standpunkt optimal vertreten oder eine Ware an den Mann bringen möchte. Lernen Sie die geheimen Tricks der Straßenkünstler und (ver)zaubern Sie!